「私」と「世界」

一般システムの現象学

大村朔平 著

技報堂出版

まえがき

　「私」たち人間は、「世界」（世の中）にあって、快さ（こころよさ）を求める欲望を持ち、それを手に入れる術（すべ）を求めて自由に考え、それを得るために学び、行動している。それがために、毎日、喜怒哀楽の中で生きていかなければならない宿命を背負っている。

　そんななかで、自分を少しでも進歩、向上させ、快く生きる機会をつかむためには、「私」とは何者か、「世界」はどうなっているのか、両者の関係はどうか知る必要がある。そのために、すでに家庭や学校さらには社会でいろいろ教えられてきており、それぞれの今日がある。

　しかし、世の中は、次々と新しい考え方やものごとが生れ便利になる一方で、複雑化、大規模化し、生きづらくなっている面もある。そこで本書では、学校や社会での教えが正しくないか、不十分であることを説明し、先進的な先哲（偉大な哲学者、思想家、学者、各分野の達人、さらには事業の成功者）の考え方の内から、従来学校で教わってきたことや社会常識と違った新しい考え方を示すので驚くかも知れないが、理解していただきたい。

　新しい考え方と主張は次の3つである。

1) まず、最高位の欲望は自己実現であると主張する心理学者マズロー[25]の考え方である。よい心は、それだけでその人自身のよい人生を、社会にあっては一人の人間としての最高の役割を果たすことが可能になる。

2) 次は、哲学者カント、ニーチェを先駆けとするフッサールの哲学、現象学[5]、[6]のこの世には客観も真実も存在しないとする主張で、絶対的な正しい考え方はないのであるなら、異なる考えも容易に受け容れる

i

　　　ことが可能になる。

　3）最後は、ベルタランフィの一般システム論[35]をベースにした8つの
　　　キーワードを用いて説明する「一般世界システム大村モデル」で、「世
　　　界」のすべてをシンプルに説明することが可能になる。

　第2章では「私」、第3章では「世界」について論じるが、本論に入る前
に、第1章で読者の頭の中を従来と違った考え方を受け入れやすくするため
に、柔軟な考え方ができるジェネラリスト思考に切り替えていただく。

　図1.4-2「一般システムの現象学」（既存学問との関係）（p.14）で、この本
で展開する議論が、既存の学問とどんな関係にあるかを示したので参考にし
ていただきたい。

　実は、以前に、この本の前身になる『一般システムの現象学—よりよく生
きるために』[55]なる本を横浜国立大学での講義録として出版した。そのとき
は、大学生対象の講義録ということもあり、また18年以上経過し、その間
に新たな思索も加わり、また何より少しでも多くの人たちに読んでいただき
たいということもあって、やさしく書くことを心掛けつつ、この本を改訂出
版することにした。

目　次

第2章「世界」と関係する「私」　　　　　31

第3章　「私」が関係する「世界」

第 1 章

主題は問題解決論

1.1　問題解決に取り組むに当たり大切なこと ─それは解決すべき問題を見つけること

　この本は、諸問題の解決のための本である。この世を、心身ともに健やかなもとで、問題を解決しながら楽しく、心穏やかに生きていくためには、「私」とは何者か、また世の中はどうなっているか知る必要がある。学校に上がる前は、主に両親の元で、学校に上がると先生の元で教科書に基づいてさまざまなことを教わる。義務教育の後は高校、大学と教育を受け、さらに世に出て先輩にいろいろなことを教わりながら社会の一員として生きていく。

　しかし、社会に出てからの現実生活においては、教わったとおりには事が進まず、問題に突き当たってばかりいるのではないだろうか。社会に出ると、学校で教わってきた受験の問題を解く延長では、これらの問題に上手に対応できない。社会では、問題を解くより、解決すべき問題を正しく見つけることのほうが重要になる場面が多くなる。偏差値の高い学校を出ながら、社会に出てあまり活躍できない人をたくさん見てきている。そういう人たちの多くは、要領よくふるまうことのみを早く覚え、大切な成果を出せずに一生を終える人たちである。もちろん卒業した学校にふさわしく、多くの解決すべき問題を正しく見つけ、それを解決しながら労をいとわず活躍をしている立派な人も大勢いる。

　なぜ、このようなことが起きるかというと、与えられた問題を解くことは繰り返しテストを通してトレーニングさせられても、「**解くべき問題を見つける**」ことは重要でありながらほとんど訓練されていないからである。

　さらに重要なことは、解決すべき問題の把握に関して、「**在りもしない客観的存在を前提に構成された教科書**」に基づいて、教えられてきていることである。

問題解決に取り組む大事な２つの姿勢（心掛け）　　このような現実の中で、諸問題を解決しながら、限りある、多忙な人生を「よい心を持って」快適に生きる術を身につけ、ジェネラリストとして幅広く柔軟に生きている人もい

る。さらに社会にあっては、この本で繰り返し主張する、客観存在すなわち事実、真実の存在の否定に立ったものごとの見方、考え方を受け容れることで、従来と違う世の中が見えてくることを知り、そのなかに新しい問題解決の可能性を見出している人もいる。

このように従来から、正しい当然の考え方、見方とされていたことをひっくり返して全く逆の考え方、見方のほうが正しいと受け容れることをパラダイムシフトと言うが、この本でも3つのパラダイムシフトをお願いする。現代を生きる人たち皆が知っている最も有名なパラダイムシフトは、天動説から地動説へのシフトである。

解決すべき問題の範囲　　解決すべき問題として身近には、試験問題や質問のように回答を求められる問題がある。また、社会的な事件のように人々の注目を集める問題がある。個人的には、金銭上の問題や友人とのもめごとなど厄介なこと、病気や心配事、不便なこと、面倒なこと、好ましくないことなどがある。さらには、研究や開発、議論によって解決すべき問題がある。地球規模の問題としては、地球温暖化、資源枯渇問題、さらにはウクライナ問題のような国際紛争の問題がある。

「私」たちが生きていくうえで解決すべき問題は、このように多岐にわたっており、この本ではそれらのすべてを対象にしている。

「私」と「世界」という用語

この本では、カギカッコでくくった「私」と「世界」という言葉を独特な意味を持たせて使う。行動する私には、必ず何らかの関係する対象の存在が不可欠である。行動する私にカッコをつけて「私」として第2章で、私が関係する「私」以外のさまざまな事物（コト、モノ）、およびそれらが含まれる世の中のすべてをカッコをつけて「世界」または「一般システム」と呼びながらシンプルに扱っていく方法を第3章で一緒に考えていきたいと思う。

1.2　問題解決の心構えと発想の転換

1.2.1　ジェネラリスト

　この本では、問題解決に取り組むに当たり、学校で教わらなかったこと、さらには、教わってきたことと逆の考え方を強いることになる。それは、この項のジェネラリスト問題と、次項の 3 つのパラダイムシフト問題である。

　世の中には、専門領域を極めながらも専門や経験にとらわれることなく、それを越えて柔軟な考え方のもとで問題解決しながら生きている人たちがいる。彼らは、性格的な柔軟さと専門を極める過程で養われた鋭い洞察よって、世の中の仕組み全体を柔軟にかつ統一的に見通す方法を身につけている。このようにしなやかに生きている人たちは、一般にジェネラリストと呼ばれている。ジェネラリストはスペシャリストの対岸にある概念でありオールマイティーに近い表現である。

　ジェネラリストは、日常的な問題はもちろんのこと、新しい問題や複雑な問題に遭遇したとき、おおむね以下に示すような取るべき 3 つの対処法を身につけている。

　まず、第一に、情熱的であっても冷静な判断ができることである。自分自身のことも含めた「ものごと」との間に一定の距離をおいて第三者的に見る習慣を身につけている。

　第二には、大局的なものの見方ができることである。細かなことは後回しにしても、「ものごと」の概略だけを大雑把に捉え、そのなかで何が重要であり、まず何から解決すべきかを判断する術を身につけている。

　問題解決論として『一般システム思考入門』を著わした G. M. ワインバーグ[36] は、問題解決には「ものごと」をまず大雑把に捉えることが大事であり、その方法を次のように説明している。

　「ジェネラリストとして成功するためには、複雑なシステムに対し逆にある種の素朴な純粋さを持って向かう必要がある。われわれは、幼い子供のようになる必要がある。というのは、子供は複雑な知識の大部分をそのように

して獲得するからである。つまり、まず全体について大雑把な印象を得て、その後で初めて細部を識別するようになるのである」

　第三には、バランスのよい判断ができることである。それは、起きている問題の選択の幅の両極端がどこにあり、中庸がどこにあるかを意識しながら、いまどこに位置づけるべきかの判断ができるからである。これはまた、タイミングのよい行動がとれることにつながっている。

　このようなジェネラリストの特性は個人のものであるが、この本で展開する「一般システム思考」は普遍性を持っており、それを身につけることによって、容易にジェネラリトに変身できる。

1.2.2　パラダイムシフト

　諸問題解決に取り組む際に心掛けて欲しいジェネラリストに次ぐ2つ目の心構えは、必要と思うならば、おくせず、今の時代を支配しているモノの見方、捉え方に対し思いきって変更を加えることをいとわないことである。

　米国の科学史家、トーマス・クーンが著書『科学革命の講造』において、ある時代のある分野において、支配的規範となっている「モノの見方や捉え方」を「パラダイム」と呼びながら、科学だけでなく経済やビジネスなどを含めた分野で急速な変更が進んでいることを指摘している。

　一方、その時代の規範となる考え方や価値観が大きく変わることを「パラダイムシフト」と呼び、一般的には「見方が変わる」「固定観念を破る」という意味で使われ、ビジネスシーンでは「革命的なアイデアによって市場を変化させる」という意味合いで使用されている。

過去のパラダイムシフトの例

　人類は、長い歴史の中でパラダイムシストを何度も経験してきた。科学の分野で言えば、コペルニクスやガリレイの地動説、ダーウィンの進化論、アインシュタインの相対性理論などが有名である。

　現代も、身近な場所でパラダイムシフトが起きている。ダイヤル式電話機から、スマートフォンへの変化、必要なモノを所有するのでなく共有への変

化、さらにはバブル崩壊後の経済のグローバル化、深刻な少子高齢化による
ワークライフバランスの重視、テレワーク・リモートワーク、副業など多様
な働き方の実践など、大きく変化している。

　このように変化の大きい現代おいて日々変わっていく日常の中で、**心の問題、客観存在の有無、シンプルな世界**といった3つの項目についてパラダイムシフトをお願いしながら論じていく。どの項目の主張も僕のオリジナル、専売ではないことを断っておく。しかし解釈の仕方と日常の生活への適用への議論は、僕の勝手な主張である。

未だに天動説を信じている教育界

　教育界においては、「世界」の客観的存在を前提にした科学の成果を取り入れた教科書が書かれている。僕の兄、大村智と同じ分野でノーベル賞を受賞した野依佑博士は、「教科書を信じては駄目だ、教科書を信じているようでは科学は進歩しない」と言っている。なぜそう言えるのか。

　現在、地動説を信じ、コペルニクス的転回ができず、天動説を信じている人はいないと思う。しかし、教育界においては、客観存在を信じる（前提にしている）天動説ならぬ客観存在の前提がまかり通り、「対象の認識は主観の先天形式によって構成される」という哲学者カントの地動説への転換、すなわちカントの言う「コペルニクス的転回」ができていない。

1.3　3つのパラダイム変換

　前置き的な心構えの話が長くなったが、本題の3つのパラダイム変換の話に移そう。

　現在も、義務教育界においては、客観の存在を信じる宇宙の天動説がまかり通り、「対象の認識は主観の先天的能力によって構成される」という哲学者カントの地動説への転換は採用されていない。どのような素晴らしいパラダイム変換も、多くの人がより直接的なメリットを感じない限り、シフト（転換）に時間がかかるものである。実際、思想的で重要なシフトは受け容れられるのに数十年から、数世紀の経過を要している。

　この本では、本題の問題解決論を展開するに当たり、主に次の3つの項目において、「コペルニクス的転回」のように大胆な考え方のもとでパラダイム変換を進めていく。パラダイム変換とは、すでに説明したように、今の時代を支配しているものごとの捉え方、考え方を根本的にシフト（変換）することで、新たな世界を切り開くうえで大切なことだが、多くの時間と苦労が必要である。3つの項目とは、すでに、「まえがき」で示した次のとおりである。

1）問題解決に当たり、心理学的、哲学的に「**心の扱いを重視する**」考え方をとる（**マズローの心理学**[25]、フッサールの現象学）

2）この世に「**客観も真実も存在しない**」、ただそのように見えるだけである（カントの哲学、フッサール現象学[5]、[6]）

3）この世は複雑に見えるが、「**世界はシンプルに捉える**」ことができる（ベルタランフィの一般システム論[35]）

　「コペルニクス的転回」を含む義務教育における重大なパラダイム変換を受け入れいただくに当たり、読者自身の心を柔軟にするジェネラリストへの変身をお願いしたい。

1.3.1　パラダイム変換　その 1：人生で成功した人たちが善い心がけ
のもとで目指してきた高度の欲望は自己実現（自分を高める）

私たちも、実己実現を目指して欲望の編み換えを進めよう。

　昨今の情報化社会、デジタル化社会が急速に進展するなかで、また「衣食足りて礼節を知る」ではないが、社会が豊かになるにつれて心のありようがますます大切になってくる。

　心理学者マズロー[25]は、欲求 5 段階説を語るなかで、生きていくための基本的な欲望、欲求として、まず、生きていくための食物・睡眠・性などの「生理的欲求」、「安全欲求」、次に、社会の中で生きていくうえでの「愛・集団所属欲求」、さらには自尊心、承認などの「社会的欲求」をあげ、最後により精神的な欲求としていくつかあげるなかで最高位の欲求として、真（ほんとう）善（よさ）美（うつくしさ）の追求「自己実現欲求」をあげている。

　マズローは、この最高位の欲望を極めた人たちを人類の中の最良の見本として研究することで、人間の可能性を学ぶことができると主張し、そのような対象を「自己実現した人」と呼んでいる。

自己実現した身近な人、大村智　　身びいきな話で申し訳ないが、2015 年に医学・生理学の分野でノーベル賞を受賞した兄、大村智もこの「自己実現した人」の一人ではないかと考えられる。

　研究者として真を追求して、4 億人の命を救う薬を世に出し、善きことを実行した。また、動物薬を世に出し畜産業の発展に貢献し、身近では、7、8 歳だった犬の寿命を倍以上に延ばし喜ばれている。また、自身を育んでくれた生まれ故郷の山梨県韮崎市に、温泉を自費で掘削し憩いの場を提供した。さらに、女子美術大学理事長を務めるかたわら、明治以降の女流作家の絵をコレクションし、それを収蔵した美術館まで造り韮崎市に寄贈している。

1.3.2　パラダイム変換　その2：この世には真実も客観も存在しない（フッサールの現象学）

　カント、ニーチェによって指摘され、約1世紀前に哲学者フッサールによって深められた客観不存在の哲学、現象学の考え方では、「この世には客観は存在しない。存在しているかのように見えているものごとは、単なる「私」の心、関心に応えて現れている主観的なものにすぎない。」と主張している。

　客観が存在しないならば、教育現場では受験勉強重視でなく、日常生活における家族愛、近隣愛をはじめとする道徳教育を重視した心および心がけの問題にもっと真剣に取り組んでいかなければならない。心の問題は、他人との問題ではなく、ひとえにまず「私」自身の問題である。「私」の良い心は良い「世界」を映し出してくれ、貧しい心は、貧しい「世界」しか映し出してくれない。この考え方は、倫理や宗教の問題であり、かつ哲学原理の問題である。

　この考え方は、認識論、存在論を中心に、フッサールによって現象学として提唱され、今日このごろは、多くの人に受け入れられるようになっている。現象学については、後ほど（2.2.3）で詳しく説明する。

1.3.3　パラダイム変換　その3：「世界」は複雑ではない（ベルタランフィの一般システム論、「一般世界システム大村モデル」）

　「世界」のすべてをたった8つのキーワードを用いて定義できる「一般システム」として、「**一般世界システム大村モデル**」を提唱する。

　「世界」については、科学や社会が発達するにつれて細分化、複雑化するのは避けがたいことであると考えられている。しかし、僕の一般システム論に従えば、「世界」は複雑ではない。どんなに複雑そうに見えるものごと（一般システム）も8つのキーワード（目的、機能、要素、階層、関係、変化、制約、意思決定）でよってシンプルに捉え、把握することができる（3.2節）。

　具体的な場面では、8つのキーワードに事物に相当する具体的な言葉を入れるだけでどんなシステムの説明もできる。8つのキーワードの意味については第3章で具体的に説明してあるので参照されたい。

　さらには、システムの階層概念を適用することで、大は宇宙から始まって、「私」たちの日常生活の周りの「世界」(事物) を中心にして、小は微生物、素粒子の世界まで階層構造を持った一連のシステムのどこかに存在する一つとして扱うことができる。具体的には、第3章で一般システム論として論じていく。

1.4 「私」と「世界」および両者の関係

　この本では「私」と「世界」および両者の関係を論じていくが、さまざまな場面で、一般システムを説明するときキーワードという言葉を多用する。そこでの議論の理解や実際の場面に適用するとき、キーワードにそのシステムに合った具体的な言葉を入れて考えることで当該システムを大雑把に把握できる。

　ここからは、「私」と「私」が関係する「世界」の本質論を展開していくが、常に議論全体が見渡せるよう、図 1.4-1 に関連するキーワードを使って図式化したものを用意した。

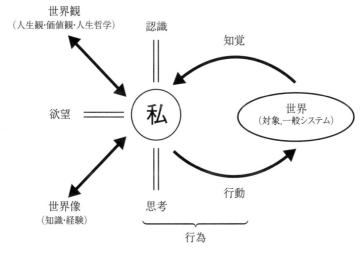

図 1.4-1　「私」と「世界」

1.4.1　「私」とは何者か（「世界」と対峙する「私」の基本機能）

　図 1.4-1 の左半分は、第 2 章で扱う、「世界」と関係する「私」とは何者かを説明するために使われるキーワードとその関係を示したものである。「私」とは何者かについては、第 2 章で詳細に論じていくが、ここでは、この 10

のキーワードを用いて、「私」の全体を素描しておく。

　すなわち、まず「欲望」と「認識」力、さらには「思考」力を持っている「私」は、欲望を充たそうと「世界」に「目的」（または関心）を向ける。目的に合った事物（システム）が知覚を通して認識されると、それが本当に欲望を充たす事物か、過去に経験したり学んだりした「世界像」と照らし合わせてみても、さらには人生観とも言われる「世界観」と照らし合わせてみても獲得に値するものか「思考」し、そうであれば「意志」決定し、獲得に向けて具体的な「言動（発言や行動)」に移していく。結果として欲しいもの（システム）を手に入れ、「目的」が達成できる。

　向けた感心（目的）に合致したものが「世界」に見つからない場合、準備を整えたうえで、自ら新しい事物（システム）を創造することになる。

1.4.2 「世界」はどうなっているか（一般システムの定義）

　一方、図 1.4-1 の右半分は、第 3 章で扱う「私」が関係する「世界」を一般システムと呼びながら、8 つのキーワードを用いて定義し、図式化したものである。

　すなわち、一般システムとは、

　「階層」構造を持った多数の「構成要素」が、有機的な「秩序関係」を保ち、周囲から種々「制約」を受けながらも、また「変化」によってもたらされる問題を解決しながら、全体として一つの「目的」に向かって「機能」するよう「意志決定」され、つくられた要素の集合体

であると定義する。

　「世界」は、科学の発達につれ、また IT 技術の普及につれてますます複雑化しているが、ここでは、その複雑化した「世界」を分野の違いを超え、専門の解釈を超え、さらに、関係している場面の違いを超えて定義のようにシンプルに統一的に扱っていくことで、「世界」の事物のすべてを同じ一つのシステム（世界）として統一的に解釈し、扱うことを可能にした。

1.4.3 「私」と「世界」の関係

前2節で、「私」と「世界」について論じるときに用いるキーワードについて素描したが、ここでは両者の関係説明に用いるキーワードを示しておく。

「私」と「世界」の関係は、「私」が「世界」に何らかの「目的」(「関心」)を向けることから始まる。後述する認識論(2.2)のところで説明するように、関心を示すことで初めて対象事物(システム)を「知覚(認識)」できる。また、「世界」に「機能」を求めて働きかける(「言動する」)ことで欲しい「機能」を「世界」から獲得する。かつ「世界(社会)」からは役割分担を要求される。

1.4.4 一般システムの現象学(既存の学問との関係)[55]

実は、18年前の2005年に、横浜国立大学での講義録として、タイトルも『一般システムの現象学―よりよく生きるために』なる本を出版した。そのときは、大学生対象の講義録ということもあり、また哲学書ということもあり、やさしく表現することにあまり努めてこなかった。しかし、17年以上の経過もあり、その間に新たな思索も加わり、また何より少しでも多くの人たちに読んでいただきたいということもあって、できる限りやさしい表現に書き直した。

しかし、基本は前著と同じく、「私」とは、また「世界」とは何かを追求することで、少しでも幸福で充実した人生を送る術を見つけていただくきっかけになればと願い、改訂出版することにした。

図1.4-2には、この本で展開する議論が、既存の学問とどんな関係にあるか示した。すなわち、第2章で展開する、「世界」と関係する「私」については、欲望論、認識論を中心に、哲学者フッサールによって提唱された、客観の存在を否定する現象学なるさまざまな哲学に依拠して論じていく。一方、第3章で扱う「私」が関係する「世界」については、世界の全体を一般システムとして捉え、その定義に示すような8のキーワードとそれを含めた数行の説明文で足りるシンプルなものとして示しながら問題解決のための「一般システムの現象学」として展開していく。

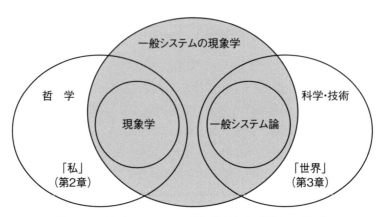

図 1.4-2　「一般システムの現象学」（既存学問との関係）

1.5 問題解決論

1.5.1 解決すべき問題の在りかと発生原因

　私たちは、日常、問題という言葉をいろいろな意味に使っているが、それらはおおむね次の4つに集約できる。

(1) 試験問題や質問のように回答を求められる問題

(2) 研究や開発さらには議論によって解決すべき問題

(3) 金銭上の問題や紛争のような厄介ごと、さらには病気などの心配ごと

(4) 大は国際紛争、小は身の回りの社会的な事件のように注目を集める問題

これらは、いずれも解決しなければならない問題である。

問題の所在

　問題の在りかは、個人、近隣の問題から宇宙まで次のように、いろいろなレベルで考えられる。

(1)「私」個人、家族、近隣レベルの問題で、日常「私」の身の回りで起きている類の欲望によって触発されたものである。欲望については、第2章で詳しく論じていくが、日常の問題の多くで、「私」の欲望の充足が阻害されたり、身の回りの事物が思いどおりに進まないことによって起きる

(2) 次は、「私」の周りにある社会システム、道具・機械システム、情報システムなどの人工システムが関わる社会生活やビジネス上の問題

(3) 宗教、民族、歴史、主義などが絡む国家またはその集まり間の問題

(4) さらには科学の発達に伴い引き起こされている地球温暖化、資源の枯渇、および現在進行中のウクライナ問題のような世界平和などの地球規模の問題

実にさまざまな問題が発生し、「私」たちを日夜悩ませ続けている。

問題の発生原因

　一方、問題の発生原因は、人間、「私」にとっては、人間存在の根本原理である欲望をはじめ、関心、希望などが阻害されたり、会社や組織さらに国家にとって発展や存続が危ぶまれたり、さらには事物存在にとっては劣化などによって本来の「存在意味」がなくなったり、「存在価値」が失われたことによる。

1.5.2　問題解決の方法論

　この本の目的は、冒頭（まえがき）で述べたように、「私」たちがこの世（「世界」）を快く生きていくうえで遭遇するさまざまな問題を解決していくために、「私」や「世界」の本質をどう捉え、解釈し、さらにはどう対応していったらよいか、その術を示すことにある。

　そのために、「世界」と関係する「私」については、心理学や現象学をよりどころに第 2 章で、「私」が関係する「世界」については、細分化された科学・技術でなく、世界全体を一つの学問として扱う比較的新しい学問、すなわち、一般システム論のもと第 3 章で論じていく。

問題解決の具体的方法論

　問題解決の具体的方法論は、すでに多くの著書で取り上げられている。多くの著書が出版され、書店に所狭しと並べられている。

　これらの著書を見ると問題解決の具体的方法論は、意外とシンプルで、おおむね次のような 4 つのステップで構成されている。すなわち

　ステップ 1：問題の現状を正確に理解する

　ステップ 2：問題の根本原因を特定する

　ステップ 3：解決に効果的な方法を決定する

　ステップ 4：決定した方法を確実に実行する

　具体的方法論は、既存の本に譲り、本著では、問題を問題にする「私」と問題が起きているフィールドである「世界」についてその本質を示すことに重点を置いて論を進めていく。

1.5.3　地球規模の問題

地球規模の問題としては、今進行中のウクライナ問題のような世界平和、資源枯渇、地球温暖化、地震、噴火および津波などがある。

ここでは、ここでは資源枯渇と地球温暖化の2つの問題を取り上げる。

資源枯渇の問題

はじめの地球規模の問題は、人類の急激な経済活動に伴う資源の枯渇問題である。これは、次の地球温暖化の問題とリンクしている厄介な問題である。この問題に関しては、ローマ・クラブがメドウズ博士に委嘱してまとめた以下に取り上げる「成長の限界」なる興味深いレポートがある[32]。

世界が現状のまま推移した場合　図1.5-1は、ローマ・クラブがメドウズらに全地球的なシステムモデルの研究を委嘱したレポートから引用したもので、地球システムが現状のまま推移した場合の今後100年のシナリオを表わしている。すなわち、世界が新たな手を打たずに現状のまま推移した場合、今（2000年）から20年後には、資源が急速に枯渇に向かい、地球汚染が進むなか、世界の工業生産、食料はピークを迎え、その後急速に減少していくことを示している。

資源が推定量の2倍埋蔵されているとした場合　図3.5-2は、資源が推定量の2倍埋蔵されているとした場合のシナリオである。その場合、当然、資源の消費割合は緩やかになり、工業生産、食料、人口のピークは数年遅れるが、それを過ぎると激減に転じることに変わらない。ただ、資源がある分だけ汚染が多くなる。結果として、悲惨な状況が待ち受けていることに変わりない。

メドウズらは、このような状況を「成長の限界」と言い、いくつかの手だてを講じて、人間が生きられる地球を維持することを「限界を超えて」という表現をしている。

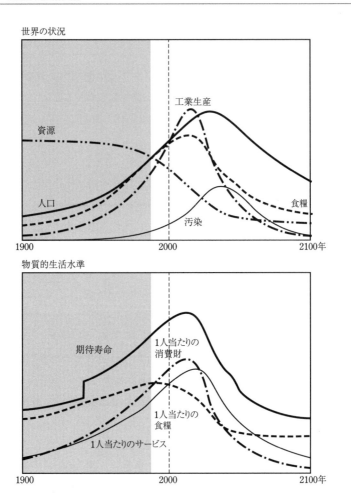

図 1.5-1　地球システムが現状のまま推移した場合の今後 100 年のシナリオ

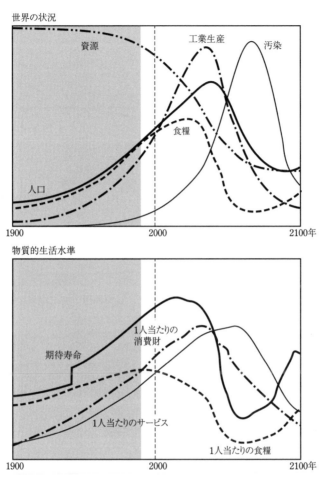

図 1.5-2　資源が推定量の 2 倍あるとした場合の地球システムの今後 100 年のシナリオ

持続可能な社会のシナリオ　　**図 1.5-3** はメドウズによって提示された持続可能な社会のシナリオである。

　図は、今すぐに、産児制限などによる抑制、1 人当たりの工業生産の抑制など成長抑制の意図的な強化に加えて、資源利用の効率化を高め、単位工業生産当たりの汚染排出量を削減し、土地の浸食を抑制して、1 人当たり食糧が望ましい水準に達するまで土地の収穫率を向上させるなどの技術効率が著

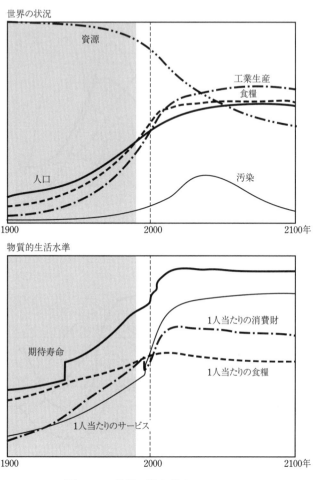

世界の状況

資源

工業生産

食糧

人口

汚染

1900　　　　　　　2000　　　　　　　2100年

物質的生活水準

1人当たりの消費財

期待寿命

1人当たりの食糧

1人当たりのサービス

1900　　　　　　　2000　　　　　　　2100年

図 1.5-3　持続可能な社会のシナリオ

しく改善され、導入されることを条件にしたシナリオである。

　このシナリオは、成長抑制策と技術の改善が理想的に進んだ場合だが、僕の考えでは楽観過ぎると思う。

地球温暖化問題

　地球温暖化問題とは、人間の活動が活発になるにつれて、温室効果ガス

20

（二酸化炭素、メタン、フロンなど）が大気中に放出され、地球全体の平均
気温が急激に上がりはじめ海水の膨張や氷河などの融解により海面が上昇し
たり、気候メカニズムの変化により異常気象が頻発するおそれがあり、ひい
ては自然生態系や生活環境、農業などへの影響が懸念されることを指してい
る。現在のペースで温室効果ガスが増え続けると、2100 年には、平均気温
が約 2 度上昇すると予測されている。

温暖化による影響（括弧内が影響）

　温暖化の影響は、すでに下記のように、いろいろなことが指摘されている。
どれをとっても深刻な問題をはらんでいる。

- 水資源については、深刻な水不足や水災害が予想される。
- 自然生態系については、絶滅する種が増える。
- 沿岸域では、海面上昇により低地が水没する。
- 人の健康への影響も深刻で、死亡率や伝染病危険地域が増加する。
- 温暖化と公害との復合影響で、公害を加速させる。
- 地球温暖化の影響の度合いは、不公平である。

1.5.4　自然発生的な変化、社会的変化が問題をもたらす

　私たちは、変化の中で生きている。世の中も私たち自身も日々刻々と変化
している。

　一方、私たちは、周囲とモノやエネルギーさらには情報をやりとりしなが
ら、自分自身の生と欲望を維持している。私たちが問題を問題とするのは、
変化の中にあって生と欲望の充足に不都合を感じたときである。

　しかも多くの場合、私たちが苦労して不都合を解決したと思っても、問題
はそこにとどまることなく、さらに向こうにいってしまい、別の現れ方をす
る。この際限のない繰り返しが世の中というものである。

　私たちだれにとっても、最も重要な変化は、生と死という不連続な変化で
ある。そして、この生と死の中で変質していく欲望と変化する自然さらには
社会、経済など私たちを取り巻く環境の変化が問題をもたらす。

　21 世紀は環境の世紀だとまで言われ資源問題とともに環境問題が大きくクローズアップされている。環境問題は、人間の際限のない欲望の追求を背景とし、科学技術の発展に支えられた大量生産、大量消費、大量廃棄によってもたらされたものである。さらに、これとの絡みでエネルギー問題や食糧問題も緊迫の度を増している。

　われわれの行き着くところは、バラ色の世界ではなく、むしろ人類の生存すら侵される極めて悲観的な世界である。車椅子の物理学者ホーキングは、人類は今後千年以内に災害か地球温暖化のために滅亡すると警告している。また、メドウズらは、前に述べたように、人口の増勢、工業化が今までのように進む一方で、省資源、環境対策において対応が遅れると、ここ 30 ないし 50 年の間に、世界は危機的状態に陥るであろうことを予測している。

1.6 人工システム

1.6.1 人工システムの本質（人間の欲望が地球上につくりあげた「世界」）

人類の出現から初期の人工システムが形成されるまで

最古の人類が出現したのは、今から 400 万年以上前のアフリカである。約 180 万年前には原人と呼ばれるかなり進んだ人類が現れ、50 万年前までにアジアやヨーロッパに広がった。その後、旧石器時代に入り火の使用を覚えた化石人類が出現した。

約 4 万年前に出願した現生人類（新人）は、進んだ石器類を使う一方、洞窟の壁に人類最古の芸術品とも言われる動物や猟獣の絵を描いている。

前 1 万年前に気候が温暖化に向かうと人類はこの新しい環境に適応しようと新石器時代に入り、家畜化も進み生活はさらに進歩した。

人類が農耕や牧畜生活に入ると、自然を積極的に利用した食料生産が進み、大河を利用した灌漑農法が生まれた。灌漑農法は多くの人の協力が必要で集落の大規模化、都市の形成が進み、社会は複雑化、大規模化した。

さらに金属器の使用が開始され、前 3500 年ころから道具、武器などに使用されはじめ、城壁を巡らした都市国家が成立した。同時に、平民階級と国家が生れた。このような文明の進歩は、前 1500 年に始まった鉄器の使用によりますます急激に進んだ。

また、都市国家が成立すると、都市国家間、都市国家と戦地との情報のやりとりも行われるようになった。

このころになると、自然を基盤とする三種の人工システム、すなわち、社会システム、道具・機械・エネルギーシステム、さらには情報システムの原型がでそろった。

人工システムの基盤は自然である

生活基盤は、地球という自然であり、人工システムは、程度の違いはあれ、

必ずシステムの一部に自然を取り入れて成り立っている。人工システムによっては、自然が主体であり、人工的な要素はほんの一部ということもある。

欲望を充たす手段および対象としての三種の人工システム

　人類は、一次的・生理的欲求である身の安全および食料の確保などを、協同で役割分担することによって効率よく行うために「社会システム」をつくりあげてきた。欲望を効率よく、かつ確実に充足させるために自然に手を加えることによって本来人間が持っている身体機能を強化する「道具・機械・エネルギーシステム」をつくってきた。さらに、社会と道具・機械・エネルギーの両システムを「情報システム」で覆うことで、今日の高度機械文明社会、さらには情報化社会をつくってきた。

　現在の「世界」は、3つの人工システムが重なり合い混ざり合って渾然一体となってできあがっている。そして、欲望を持った「私」たち一人ひとりは、好むと好まざるとそのなかに投げ込まれ、組み込まれながら、欲望の充足を目指して生きている。

欲望がつくった人工システムから新たな欲望アイテムを獲得するという奇妙な関係

　いまこの章では、人工システムの本質、つまり人間と人間がつくったシステムとの関係について、欲望充足の視点から論じていくが、それに先立ち、実体社会を複雑のものにしている人工システムと欲望の奇妙な関係について見ておく。

　人工システムについての基本的なことは、どのシステムも、もともと人間の欲望を効率よく充足する「手段」としてつくられたものである。ところが、この「手段」であったはずの人工システムから、新たな欲望アイテムを獲得するとともに、人工システム自身を新しい欲望アイテムの対象にする。すなわち「目的化」するという奇妙な関係が人間と人工システムの間に生じた。

　たとえば、われわれは、安全欲求や食欲を効率よく充たすための「手段」としてつくった協同の場としての社会システムから「認められたい、羨ましがられたい」といった社会的承認を得たいという新たな欲求アイテムを獲得

する。

　また、現実社会の道具・機械・エネルギーシステムの代表的存在である自動車は、本来は遠くに速く行きたいという欲望のもとで、人間の身体的機能である足の移動機能を拡大するものとして造られたものだが、あるときから、それを持つことが「かっこいい」ものとして優越欲求を、また「ステータス」として承認欲求を獲得し、それを車に求めるようになる。そうすると、今度は、自動車を造って売るほうも、一生懸命「かっこいい」「ステータスをくすぐる」車を供給するようになる。

　第3章では、私たちが人工システムに囲まれながら生活していくなかで遭遇する諸問題を解決する方法として一般システム論を展開するのだが、ここでは、それに先立ち、3つの人工システムの存在の本質、すなわち各システムと人間の欲望との関係を見ておく。

1.6.2　社会システム [31)、34)]

欲望を持った消費者が主役である資本主義社会

　最初の原始的な社会は、協同することによって、自然を克服し、外敵から身を守り、狩りや農業によって食料を確保するという一次的欲求を効率よく充たすことを目的に発達したものと考えられている。この階段は、自給自足・物々交換経済と言われる時代である。

　次に、協同の効果による食料の増産に伴い人口が増え、社会の構成単位が大きくなるにつれて一層効率を上げるために役割を地域内の構成員間さらには地域間で分担する方法が採られるようになった。そこでは、社会は、自給自足から抜け出し、市場を通して産物を交換する営利的協同体へと移っていった。市場経済が始まる時代である。

　さらに、機械文明の発達に伴い、生産効率が飛躍的に伸び、生産手段や資本の蓄積をもたらし、それを所有する者（資本家）と労働する者の分離が始まった。それが極度に発達したのが、企業を大きな分業単位とし、物のみならず、サービスをも提供するのが現在の資本主義経済社会である。

　資本主義は、欲望を持った消費者が主役であり、その消費者の欲望を拡張
し、それに対しモノなりサービスといった商品を絶えず生み出し、与えてゆ
く運動であるとも言える。特に、現代の資本主義社会において重要なことは、
情報メディアが人間の欲望を刺激する装置になっており、それが目まぐるし
く新しい情報を提供するために、刺激によって生まれた新しい欲望アイテム
として定着する間もなく、一時の好奇心だけで動かされているのが現在の消
費社会である。

無駄なもの、贅沢なものは生産しなかった社会主義経済社会

　社会主義（マルクス主義）は、近代社会における、資本主義と国民国家が
もたらした、貧富の差および植民地支配と国家間戦争の普遍化という問題を
克服する原理すなわち「希望の星」として登場した。そこでは、自由競争と
私的所有の禁止、富の社会的再配分が実行された。

　社会主義下の計画経済のもとでは、生活上必要な物のみが生産され、無駄
なもの、贅沢なものは生産されない。そこには、「労働者」という考え方は
あっても、欲しい物を手に入れようとする、厳密な意味で「消費者」という
考え方が存在していない。

　1960 年までの、生活上必要な物、すなわち自動車、電化製品、住宅など
を生産しているうちは、資本主義経済も社会主義経済も大きな差はかった。
しかし、70 年代に入り、コンピュータ技術の適用によって多品種少量生産
を効率的に行う技術が進歩し、また情報化によって消費者の好みをいち早く
生産者に知らせることが可能になると、経済社会の発展における「消費者」
の存在が決定的な差となって現れてきた。

　このような状況のなかで、ゴルバチョフは、経済の「建て直し」を図った。
しかし、それが社会主義的市場経済という、原理的に消費者の欲望を充たす
ことのできない計画経済を残したままの中途半端な改革であったために失敗
に終わってしまった。そして、社会主義は「希望の星」たりえないことが明
らかになった。

　社会主義経済が失敗した原因は、いま見てきたように、経済のメカニズム
の中に人間の欲望が組み入れられなかったことである。これは、人間の欲望

を抑えた全体主義が一人ひとりの欲望の充足を認める個人主義に負けたことをも意味する。

1.6.3 道具・機械・エネルギーシステム

多くの欲望を充たすために身体性を拡大する道具・機械

　人間は、言葉を話すこととともに、道具を使う点でほかの動物と際立った違いがあるとよく言われる。道具・機械の本質は、元来人間が持っている運動、感覚、記憶などの機能を、欲求を充たすために強化することにある。

　まず、道具は、肉体の作用を増大するために考えたものである。手は人間の外部に働きかける肉体的機能として大切であるが、道具はその手の延長として、強く、速く、さらには正確に動くことを目的として造られたものである。そしてその道具はさらに道具を生んでますます精密な機械へと発展した。

　感覚機能の強化として、視覚においては、視力を補う眼鏡、小さな物を見るのに電子顕微鏡が、遠くを見るのに反射望遠鏡が発明された。さらに聴覚を補うための補聴器、小さな音をキャッチするためのソナー、遠方の視覚を補うレーダーなどさまざまな電子機器類がある。

　足の延長である自動車をはじめとする各種交通機関、人間の脳の機能を一部代替するものとして知識や情報を大量にしかも大変な速度で記憶、加工、および移動させるコンピュータおよび通信システムなどがある。

　機械は、科学技術の進歩によって高度化されてきたが、一方では科学技術は機械の進歩に負うところが大である。この両者の相互作用がエスカレートしてできあがったものが今日の社会である。

1.6.4 情報システム

第三の人工システム

　現在、世の中には、コンピュータや通信装置の高速化、大容量化およびそれに伴う情報コストの急激な低下に支えられて情報技術（IT）革命が進行している。この情報技術に支えられた情報システムは、社会システム、道具・

27

機械（モノ・エネルギー系）システムとともに人工システムを構成している。

　情報システムは、もともと社会システムや道具・機械システムの一部でしかなかったものが、半導体技術の急速な進歩に伴って、世の中で重要な位置を占めるようになり、第三の人工システムとして独立に扱われるようになった。しかし、情報システムは、ほかの2つの人工システムと独立的に並存しているのではない。それは、2つのシステムの脳を中心とした神経系として「私」の周りに、さらには全世界に張り巡らされて存在している。

差異化したいという欲望

　情報とは、私たちにとって価値のある「知らせ」のことである。「私」たち人間は、関係せずにいられない存在であると言ったが、その関係は情報のやり取りによって成り立っている。すなわち、「私」たちは必ず何らかの情報に基づいて行動している。したがって、多くの価値ある「知らせ」、すなわち情報を迅速に集め、蓄え、分析することができれば、関係の中身は濃いものになり、それに基づく行動は良い結果をもたらす。

　実際、情報化が進む根底には、「他者」と「私」を区別したいという差異化の欲求がある。多くの情報を早くキャッチし、それに基づいてより多くの欲望を迅速に充たしていくことにおいて優位に立ちたいのである。

　人間の本性は、考え、関係することだが、情報技術は、その考える人間の記憶力や計算力のみならず思考力をも支えるコンピュータ技術と、さらに関係する人間の情報交換を支える通信技術の2つによって構成され、しかもそれが強く結びついて、人間の本質を増幅する仕組みをつくりあげてきた。

　情報技術は、考え、関係し、それを欲望を充たすことに向ける人間の心の活動を根源的なところで支えているだけに、そのもたらす人間社会への影響には計り知れないものがある。

　現在は、座ったままで、各自が自由に地球の裏側の情報を瞬時にキャッチし、また送り返すことが可能である。しかも極めて安いコストで。この個人ペースで、双方向の情報のやり取りが地球規模でできるということは、もちろん人類がかつて経験したことがなかったし、それが可能になったのは、数十年足らずのことである。

情報革命の革命たるゆえん

　情報技術革命の革命たるゆえんは、情報技術の普及によって、社会活動、特に経済活動の中身が根本的に変わりつつあることにある。日常生活を振り返って見ればわかるように、社会活動、経済活動において情報の交換、整理および評価、すなわち情報処理はかなりの部分を占め、決定的に重要な意味を持っている。情報技術の発達と普及は、情報処理の過程で存在していたさまざまな障害を一気に取り除いてしまった。

　すなわち、コンピュータのダウンサイジング化や情報通信のインターネット化に見られる関連技術のハード、ソフト両面の機能の充実によって、情報のやり取りにおける情報の質と量、時間、距離の制約から解放され、技術が普及するに伴い情報コストが劇的に低下するとともに情報のオープン化が進んだ。

　情報コストとは、情報を集め、蓄え、分析するのにかかる費用のことである。また、情報のオープン化とは、今までどちらかというと情報は秘密にしておくことにメリットがあると考えられていたが、情報化社会では、本当に機密な情報のみを残しより多くの情報を互いに公開することにメリットがあると考えられるようになり、個人も企業も行政も積極的に情報公開するようになったことを指している。

情報技術適応能力による差別化—デジタルデバイト

　コンピュータは、その高速化、大容量化に伴い、本来人間の持つ記憶、計算機能を代替えするだけではなく、正しく推論し、判断する能力を持ちつつある。その延長には、思考し、創造する能力がある。実際、通訳機や音声入力装置の正確さやチェスの対局相手としての威力を見せつけると、一部ではあるにしろ、すでに思考し、創造する人間固有の能力を身につけたと考えてよいのではないか。

　一方、コンピュータ技術と結びついた通信技術の発達がもたらすネットワークの普及は、社会のあらゆる要素を双方向性のもとで結びつける。人と人の間はもちろんのこと、消費者と企業、企業間、自治体と市民、さらには患者と病院、主婦と家事といったあらゆるものを結びつける。すなわち、社

会システム内の個人やさまざまな組織間はもちろんのこと、機械システム間、機械システムと社会システム間を、地球規模で距離に関係なく高速で関係づける。そのような社会では、電話、テレビをはじめとする家庭電化製品、世界の人たちのパソコンは、一つのネットワークの中に組み込まれ、機能的にも存在の仕方においてもそれぞれの境界が曖昧になる。

　情報化社会では、個人的にも、企業などの組織にとっても、情報技術への適応能力、利用能力がさまざまな差別化をもたらす。具体的には、個人がサラリーマンであれば給与格差が生じるし、企業であれば業績に直接影響してくる。この現象をデジタル技術がもたらす差異、二極化という意味でデジタルデバイドと呼んでいる。

　差別化が生じるなかで、好むと好まざるとにかかわらず、個人にとっては価値観、社会にとってはパラダイム、すなわち時代を支配するものの考え方の変更が求められるようになる。

　国もデータ庁を設け、国を挙げてデジタル化の普及、推進を目論んでいる。

第2章

「世界」と関係する「私」

2.1　人間「私」の本質（欲望論）[1)~4)]

　前章では、「私」とは何者か、「世界」はどうなっているか、さらには両者の関係はどうなっているか、**図 1.4-1**（p.11）を用いて素描してきた。本章では、哲学の力を借りて「私」とは何者かについてより掘り下げて論じていく。

2.1.1　「私」とは欲望である

　「私」たち人間がほかでもなく人間として、また人間らしく存在している本質は、快さを求め、それを充たすために「世界」に感心を向け、それを得ようと一生懸命生きていることである。このことから、人間が生きていくことの本質は、「人間とは欲望を持った存在である」、さらには「「私」とは欲望である」を意識し充たすこととも言える。

　「私」たちは、日常生活において欲望が対象化する他人を合めた「世界」を意識することはあっても、「私」自身を意識することはほとんどない。欲望、欲望と言うけれど「私」はそんなに欲深でないと言う人がいるかもしれないが、それはこの欲望意識の無自覚性と、「私」はそんなに欲深でありたくないという心がそう言わしめている。

　このように、人間の行為はまず欲望ありきで始まるが、欲望を目的、欲求、要求、関心または望みなどとやさしい言葉に言い換えても同じである。実際、この本では場面に合わせていろいろ使っていく。

2.1.2　人間存在の根本原理としての欲望—ハイデガーの存在論[13)]

　しばしば引き合いに出す現象学の創始者、フッサールの弟子的存在である哲学者ハイデガーは、人間や事物（社会、道具、芸術など）の在りようを独自の存在論の哲学として編み上げてきた。特に欲望の本質として「気遣い（＝関心)」という概念の中で多くの示唆を与えてくれている。

人間存在の根本原理

　まず、ハイデガーは人間存在について、人間は、つねにすでに「私」の周りにある対象「世界」に欲望をはじめ関心、希望、意思、心配、感情などを向け、それらを充たし、処理する可能性を求めて生きているような存在であると言っている。

　その欲望、関心などは、「私」の意識に先んじて、すなわち「私」の欲望として意識する前にすでに存在して（現れて）いる。そしてその欲望、関心などが「私」の対象「世界」をつくり、「世界」に秩序を与えている。

　このように欲望存在の性格から、さらに次のような欲望についての特質を導きだしている。

　欲望は、最初からある特定な目的と一対一で対応しているのでなく、欲望と目的の関連は、「私」たちが生きていくそれぞれの生活場面でその由来を明らかにせず、しかも突然さまざまな現れ方をする。このことが、他人との意見の相違、行動の違いを生み、「私」たちの周りにさまざまな事物をつくりあげている原理である。

　以上が、ハイデガーの言う「私」たち人間存在の話である。

事物存在の根本原理

　事物存在についても「世界」の一切を、客観関係としてみることをいったん止めて「当の人間の生にとって」という観点から見直し、事物は「事物」というより何か人間の使う「道具」という存在意味を持っていると考える。すなわち、たとえば一つのコップも、単なる「飲むための道具」としてだけではなく、ある人間のその都度の欲望や関心に応じて、紙が飛ばないための重しになったり、また怒って投げつけるものになったりする、といった具合に、きまざまな「存在意味」や「存在価値」を持つ何かとして存在していると考える。

　事物が何で在るかを規定しているのは、欲望を持った人間の在りようであり、科学が前提にしているような客観的存在として事物それ自体に備わっているものでないと言うことである。

2.1.3　さまざまな欲望

社会的承認的求

　「私」たちは、周囲と関係せずにはいられない存在であると言ったが、特に他人や社会との関係のありよう、すなわち社会的欲求の充足は、快く生きるうえで決定的な意味を持っている。

　社会的欲求の代表的なアイテムに社会的承認欲求がある。この欲求は、本来、人間が生きていくという一次的欲求を効率よく充足させるために発達させた協同の場としての社会の中にあった。そもそも単なる役割の分担でしかなかった位置づけが、役割の階層化が進むにつれて社会的「地位」となって構成員から承認され、そのことが多くの人に認められ、羨ましがられるようになると、それ自身が目的化して「地位を得ること」が一つの欲求アイテムになってしまったものである。社会的承認欲求は、自尊心、優越感、自我の実現などほかの社会的欲求と結びついていろいろな形で現れる。

　組織の中に、分担している役割を労を惜しまず全うすることで業績を上げようとする達成欲求より自尊心、優越感といった社会的承認欲求が強い構成員を多く抱えた組織は、やがて組織の目的を達成できなくなる。組織が硬直化した長い歴史を持つ企業がしばしば陥りやすい現象である。特にトップの姿勢が自身の社会的承認欲求を充足させることに向いている企業は、やがて職場全体、上から下までが承認欲求充足の場となり、それが一つの社風となり、企業の目的を達成しようとする活力を失った、脆弱な企業を生むことになる。

2.1.4　年とともに変容する欲望

　次に、人間の成長に伴って欲望がどう変容していくかを見てみよう。これは各世代の行動様式を理解するうえで大切なことである。

幼児期の欲望　　幼児期の欲望は、自分で自分を愛すること、すなわち「ナルシズム」に特徴がある。ナルシズムは、最初、幼児は泣くことで要求を通

していたものを、あるときから我慢することを覚え、そうすることでお母さんから誉められる自分が快くなることを知り、我慢して誉められる自分を愛するようになることに起源があると言われている。つまり、幼児期には、「他人に愛される自分が快い」ことを心の内に持つようになり、その獲得を目がけて行動するようになる。

青年期の欲望　青年期の欲望の中心は「私」が「立派な私」「よい私」であるという確信を得ること、つまり「自我の欲望」にある。それはいわば自我意識的なアイデンテイテイを獲得することにある。前に、人間の本質は考えること、関係することにあると言ったが、アイデンテイテイはこれと重なる考え方で、他人や社会との関係の中で、「こういう分野においてほかの人より優れているのが私だ」という意識に基づいている。

　アイデンテイテイという概念を提唱したエリクソンという心理学者は、「自分は他人より優れている」という一般的な優越性あるいは長所の意識と、社会の中で自分は立派に社会的役割を果たしているという意識の2つによって「私は私である」というアイデンテイテイを得ていると言っている。

大人の欲望　大人の欲望は、青年期と同じアイデンテイテイを求める欲望だが、「自意識」を前面に出してきた青年期の生活で多くの挫折を味わう過程で、他人や社会との折り合いに注意を払う「関係の意識」へと移っていく。すなわち、「私」が他人からどう見られ、他人との関係の中でどのようにアイデンテイテイを得るということが「私」の中心テーマになっていく。幼児期や青年期は、自我を主張していてもなんとか日常生活が成り立っているが、大人になるとさまざまな場面で利害の絡んだ意見の対立が起こり、自我を主張するばかりでは相手にされなくなる。

　大人になっても、幼児期のナルシズム的な欲求を引きずってしまったり、青年期の自我中心の主張を繰り返したりしている人を見かける。変容がうまくいっていないようである。

2.1.5　人間の行動を色づける感情

　「私」たち人間の特性を論じるとき、欲望とともに感情についても議論されることがある。それは、感情が、欲望の獲得に向けたさまざまな心の課程に伴って表に出るからであり、またある種の感情が欲望のターゲットになるからである。感情は、欲望が発生し、充たしてくれる対象を意識したとき認識された対象の人生観と照らし合わせたとき、行動によって　欲望の充たされたとき、その時々の偽らざる心の状態が現れたものである。

　「私」たちは、欲求が充たされると、快い気分を味わう。逆に充たされないと不快になる。この快、不快で代表されるような心の表に出る反応を普通、感情と呼んでいる。

　ハイデガーは、「人間が、人間らしく生きていくことを可能にしているのは、心に情動、気分、心の色模様を持つことができるからだ」と言っている。これらは、具体的には、苦痛、喜び、悲しみ、倦怠、不機嫌、恐れなどの感情とも言えそうである。

さまざまな現れ方をする感情　　広義の感情という言葉には、情緒、気分、情操などが含まれ、原因や現れ方によってそれぞれ少しずつ違った意味で用いられている。

　情緒は、強い要求や刺激の急激な変化によって引き起こされる反応で、喜び、愛情、驚き、恐れ、怒り、不安、嫌悪などが含まれる。

　一方、気分は比較的長期間にわたって持続する感情的な反応を指し、明るい気分、ゆったりした気分などがその例である。

　また、情操は、気分と同じような感情反応の一種で、美的情操、宗教的情操などと言われ、文化的価値に対して現れる反応である。

　感情や情緒は、欲望と密接な関係にある。また、感性や情緒は、その人の価値観や人生観から強い影響を受ける。たとえば本を読んだり、映画を見たりして、そこに人生観と共鳴するものがあれば、悲しくもなり、勇気づけられ快活にもなり、大いに笑うことができる。

目は口よりものを言う——感情は心のバロメータ　感情や情緒は、ある程度それぞれに特有の型で表に出てくる。快い感情に充たされているときは、表情は和やかになり、筋肉の緊張は和らいで動作は軽快になり、音声も明るい調子を帯てくる。怒りの情緒にある場合は攻撃的な、恐怖の情緒にある場合は逃避的な反応を生じやすくなる。

　また、情緒の生起とともにいろいろな身体的変化が生じる。怒りの際に顔面が紅潮し、恐怖の際には蒼白になりどちらの場合にも脈が速くなる。それは情緒の変化に伴って、血圧や血液の分布状態、心臓の活動状態が変化するからである。そのほか、激しい情緒に際しては、呼吸の変化、筋肉の緊張、発汗なども体験される。

　「目は口よりものを言う」とよく言われるが、普通、口では心と違うことを言ってもまたごまかそうとしても、感情が豊かに表れる目は、正直なものでごまかせない。このようなことから、感情や情緒は、心の状態を表わすバロメータであるとも言える。

　以上のように、感情や情緒は、欲望の充足に向けた成り行きのいろいろな場面で、いろいろ生起し、表出する。感情や情緒の表出は、その人の心の緊張の解放になるが、一方ではその人の行動を色づけるものとなり、社会において好むと好まざるとにかかわらず、コミュニケーション上重要な役割を果たしている。

2.2　「私」に見えているのは何か（認識論）

2.2.1　「私」は「世界」を正しく認識しているか [8]、[11]、[14]、[17]

本庶佑博士の格言　「人が言っていることや教科書に書いてあることを信じてはいけない」、また「教科書がすべて正しかったら科学は進歩しない」。

これは、2018 年、兄の大村智と同じノーベル生理学・医学賞を受賞した本庶佑博士の格言からの引用である。この教科書の話は、客観的な存在否定の上にたった考えだが、混乱を収めるためには、僕が学び、展開してきた「現象学」なる哲学の認識論の力を借りる必要がある。

なお、現象学については、本書でもその考え方が重要な意味を持っているので独立の項を設け少し詳しく論じていく（2.2.3）。

私たちの生活は、「私」の意識（心）による周囲のさまざまな対象世界の認識、それもおおむね正しいものであるという確信を持ったものでないとやっていけない。自分の認識が常に怪しいものだとすると何もできないだろうし、日常生活は成り立たないし、正気の沙汰でいられない。

また、私たち一人ひとりの認識は、言っていることと、行動から見て同じ部分がある一方、相当違っている部分もある。このことは社会生活を場面によって楽しいものにも息苦しいものにもしている。このようななか、生活信条、政治的主義・主張、主教的対立を超えて仲良くやっていける可能性があるだろうか。

認識問題を取り上げる訳

前節の欲望論のところで、「私」たちが日常生活の中で関係している対象「世界」は、それ自体として客観的に存在しているのでなく、欲望が存在させているような存在、すなわち欲望相関的な存在であることを述べた。

このような「存在」や「認識」の話は、一見、普通の日常生活とは関係ないように思われるかもしれないが、実は、人生をよりよく生きるうえで極め

て重要な問題が含まれている。

その一つは、この節の冒頭で触れたような、本庶博士の教科書の話は、少し説明がないと、学校で教科書を客観で、真理（正しい）が書いてある書物であることとして教わり、そのことを理解しているか否かを繰り返し　試験されてきた身にとって教えるほうも教わってきたわれわれも混乱してしまう。

2つ目は、一人ひとりの間、個人と社会、国家間、異なる宗教間、などさまざまなレベルで生じている欲望、関心、見方、意見、主義、主張、国是、協議などからくる対立、抗争を終わらせ、それぞれの間で実りある関係を作り上げられるか否かが含まれるのである。

「存在と認識」の話は、2.2.4 のフッサール以前の認識論のところでも取り上げるが、長い哲学史の中で取り上げられ、現在も議論が続いているテーマである。

2.2.2　存在と認識についての従来からある 2 つの見方（実在論と観念論）[5]〜[22]

この問題は、哲学の世界では、認識対象の存在の仕方とその認識の問題として長い間議論されてきたし、現代も進行中である。そこでは、存在と認識に関して 2 つの見方がある。

客観的世界

一つは、私たちは普通の生活の中でその存在を信じ、科学の大前提にしている「世界は客観的にそれ自体として存在している」、すなわち事物や世界は自分が知ろうと知るまいと存在しているという考え方である。そして私たち人間の理性は、努力によって個人的にも人類も限りなく真実に近づけ、やがて完全に認識でき、主観と客観は一致させることができるようになるという考え方である。こうゆう主張は実在論的立場といい、そこでの世界は「客観的世界」または、「実在的世界」と呼ばれている。

主観的世界

　他方は、世界とは、あらゆる事物も他人も「私」にとっての欲望、関心に対する意味と価値を備えたもの、すなわ「私」の欲望、関心によって作り上げられたものであるとする考え方である。そこでは、意識（心）に現れた世界こそが真（ほんとう）の世界であり、それ以外のところに存在するとしてもそれはフィクションの世界にすぎないと考える。

　「私」の意識に現れていた「世界」すらも「私」が死ぬとともに消えてしまうかもしれない。こうした主張は観念論的立場といい、世界は「主観的世界」または「実存的世界」と呼ばれている。

　世界存在につての2つの考え方、すなわち、世界は私に関係なくそれ自体として私の外に存在しているという主張と、世界は私たちの心の中で私によってつくりあげられ存在させられたものだという主張の違いのもとでは、当然、世の中のさまざまな問題解決に立ち向かう場合、出発点において根本的に違いをもたらし、結果も違ったものになる。

　実在論の立場では、客観的、科学的であることが正しい考え方であり、主観的、感覚的では正しい判断にならない。それが証拠に、世界は科学によって豊かになったではないかと主張する。

　一方、観念論の立場では、科学が進歩し物質的に豊かになっても、生きていくうえでの個人の心の問題の多くは改善されないし、相変わらず心の問題や国家間や宗教間の問題のトラブルは収まりそうにないではないか。それどころか、科学の進歩は、大量殺戮兵器をつくりだし、急速な資源の枯渇と地球環境の破壊をもたらし人類の存続を危険なものにしているではないか。観念論は科学を必要とした人間の心のほうから、世界の存在やそこで起きている問題の本質を考えるべきだと主張する。

2.2.3　存在、認識問題に決着をつけたフッサールの現象学（第三の道）

　哲学、思想の世界では、前述のような2つの世界、立場（「実在論と観念論」

は、どちらが正しい認識、主張か、その時々の世相を背景に長い間対立し議論が続いてきた。

　この問題に、約1世紀前に決定的なかたちで決着をつけたのが、現象学なる哲学を提唱したドイツの哲学者フッサールである。

　現象学という哲学は、今から120年前にフッサールが提唱しハイデッガー、サルトル、メルロ・ポンティーに受け継がれ、日本においては、解説本をたくさん書いている竹田青嗣、西研に受け継がれている。

　僕は、1992年に、世の中の事物は、多様性、専門性を超えてシンプルに捉えることができるとする一般システム論を『企画・計画・設計のためのシステム思考入門』なる成書[38]で展開するとともに、2005年には、この世の事物（一般システム）の認識について、現象学に依拠した認識論を『一般システムの現象学—よりよく生きるために』として上奏した[55]。

　現象学を僕なりに解説した後者では、本庶博士と同じように「この世の中には、学校で教わるような事実、真実（客観）などどこにもない」と述べてきた。

　フッサールは、観念的立場にあり世界それ自体の存在は認めないが、実在論者が主張する客観的世界の存在については、それが存在するか否かでなく、「客観的にそれ自体が存在すると確信されるのはなぜか」と問い、深く自らの経験を反省することによって「それは身体的に同じ知覚能力を持った万人によって直接経験され、他人も同じような経験をしているだろうと確信を持つことによる」という答えを出した。

　このような存在についての認識は、それ自体、思想的に大きなインパクトになり、上述のような認識論の中で対立してきた2つの主張を無化するだけでなく、世界の絶対的な存在を、「私」たちの心との関係、相関として捉え相対化することで、「私」自身の心の中、他者との間、さらには国家宗教間などいろいろなレベルで生じるあつれきを解消し、主義主張を超えて共存することを可能にしてくれている。

　ならば、私たちがごく自然にその存在を信じている「客観」世界の存在、主観と客観の一致は一体何だろうか、どう理解すればよいか。フッサールはこれについて次のように答えている。

　客観世界は存在するのでなく、まず欲望を持っている私たち一人ひとりに意識の自由を超えて、すなわち恣意的に自由にならない知覚または意味合いで、対象が与えられるがゆえに、疑いがたく世界の存在についての確信が生じ、それがある条件のもとで相互の確信として万人に共有されること（共通了解）があるために、客観的世界の存在を信じているだけである。

　一方、ある条件とは、次のようなものである。

　自然科学が、対象にしている自然物やその加工物のように人間の五感（知覚）を通じて経験できる対象としてのモノ（実在物）の認識については、私たち人間の身体（ハード機能）が同一であるという条件によって、相互間に世界認識の客観性が成り立ち、それが客観的に存在すると信じ込まれるようになる。

　また、数学や社会科学で扱うような認識に理性の関与が必要なこと（理念物、事柄）については、私たち人間の感受性、美意識、価値観などの精神面（ソフト機能）において同一性が得られるという条件のもとで認識の客観性が成り立ち、それが実在するものと思い込まれるようになる。

　次に、フッサール現象学の存在論、認識論としての近代哲学の中での位置づけを理解するために、現象学の直前までの認識論の流れを示す。

2.2.4　フッサール以前の近代哲学における認識論

　近代哲学では、以下で示すように、名だたる大哲学者名によって認識問題が論じられている。フッサールの認識論の立ち位置を理解するために、フッサール以前の認識論を素描しておく。この素描から、17世紀以降の近代哲学において認識論が重要なテーマであったことがよくわかる。

　まず、近代科学の方法論を説いたデカルト（1596〜1650）は、人間に平等に備わっている理性、すなわち良識を正しく用いれば、同じ事柄に関して全員が同じ結論、同じ認識に達すると考えている。

　スピノザ（1632〜1677）は、世界の全体は神の存在と一致してあり、人間に認識できるのは、神の持つ無限の属性（本質的な性質）のうち精神と物質という属性の領域に限られているとした。

カント（1723〜1803）は、人間の認識能力は、完全な神と違って制約されており、世界それ自体についての正しい認識に達することはあり得ないと考えていた。本当のことは神様だけが知っていると。

一方、ヘーゲル（1770〜1831）も、もともと真理は存在しており、人間の認識は、個人と人類全体の進歩の歴史を通して、徐々に完全なものに近づいていけると考えた。

しかし、ニーチェ（1844〜1900）は、神の存在も、客観の世界も否定し、あるのは人間の主観によって解釈された世界がそれなりの秩序を持っているのだとし、フッサール現象学の先駆けとなる考えを示した。

いずれにせよ、フッサール（1859〜1938）から以前の認識論は、「人間の思考能力の正しい使用によって、人間と世界について客観的で正しい認識が可能なはずだ」ということを前提に行われてきた。しかし近代になって客観世界の存在に疑問が投げかけられるようになり、従来の実在論的主張に対し、観念論的な主張が強まってきたが、どちらがより妥当か決着がつかない状態が続いていた。

このようななかにあって、フッサールは、客観があるかないかの問題を、客観の存在は原理的に証明できないことを踏まえて、今みてきたように、客観が存在していると確信されるのはなぜか、と問い方を変更することで、決着をつけた。

2.2.5　新しい認識論が教えてくれること

意欲しないと何も見えてこない

ハイデガーの言う、だれとも交換することのできない、ただ1回しかない「私」だけのこの世での「私」の人生を愛おしく大切に思うならば、自分のために、この世を見据え、知り尽くし、目一杯生きたいと思うのが人の心、人情というものである。

そういうこの世は、「私」の心の彼岸にあるのではなく、欲望、関心を向ける「私」の心の中でつくりあげられるものであるから、自らああしたい、こう在りたいと意欲しない限り世の中は何も見えてこない。

　その人にとって世の中の広さ、深さは意欲のそれらとの相関である。その限りにおいて一人ひとりに見えている世の中は「私」たちが普通に考えているよりはるかに大きな違いがある。周りを見てみるとわかる。意見、見解の違い、生活態度の違い、仕事ぶりの違い、どれをとっても個々人相当に違っていることがわかる。

　人生全体に対する意欲だけでなく、日常生活におけるさまざまな場面、たとえば仕事、人との関わり、自分の時間の過ごし方などにおいても、意欲の持ち方によって全く違ったものになる。新しい認識論は、少しでも自分を愛おしく思うなら、何事も周りのせいにせず、まず自ら広く深く意欲を持って生きるべきことを改めて教えてくれる。

私たちの一人ひとりの欲望、都合がそれぞれの「世界」をつくりあげている

　前章では欲望について、またここでは認識についてフッサールの現象学の考え方に沿って話を進めてきた。難しい議論はともかくとして、新しい認識論は、「私」たちがよく生きるうえで極めて大切なヒントをたくさん与えてくれる。

　まず、この世をよりよく生きるうえで大切なことは、「私」に見えているものを次のように理解することである。普通、「私」に見えているもの、すなわち認識された対象を、客観的にそれ自体として「私」の外部に存在し、それが「私」の知覚や判断によって正しく認識されているものだと考えている。しかし、新しい認識論は、そう考えるのは単なる錯覚であって、「私」に見えているものは、認識する「私」と認識される対象との間の関わり方の結果として、「私」の心（意識）の中で成り立っているものだと言う。

　平たくいうと、真実だの事実だの現実だのというものは、最初からこの世の中にあるのではなく、欲望を持った「私」たちが、それぞれ自分の欲望の充足に都合のよいように「世界」を解釈し、それをぶつけあって、あるときは話し合って妥協を選び、あるときは対立して相手をねじ伏せ、その結果得られたものだけが、この世の中の真実、事実、現実だということである。ということは、もともと客観が存在するのでなく、「私」たちの欲望が客観的

な存在をつくりあげているのである。

　「私」たちの欲望が客観的存在をつくると考えることによって、「私」たちの身の回りにあるさまざまなことの本質（本当の姿）が見えるようになる。結果として、日常的に遭遇する諸問題を解決しながら人性を楽しく生きていくうえで、単純に客観世界の存在を信じているときと違った新たな可能性を見いだすことができるようになる。

譲り合わない限り真実は見いだせない

　次は、何人かが関わる諸問題の解決に当たり、それぞれの意見、見解の違いを克服しつつ仲良く、平和的に暮らしていける可能性の根拠に関するものである。

　「私」たちの周りには、単に自分の欲望がもたらした「ものごとの解釈の一つ」でしかないことを、もともとからある事実、真実だと思い込み、彼または彼女は知らないが、自分はそれを知っていると信じ、いつまでもそれに固執して、妥協することも、また他人から理解してもらうこともできず、いつも不完全燃焼の人生をいらいらしながら送っている人がいる。このような人は、従来型の客観存在のもとで生きている人である。

　一方、新しい客観的存在のもとで生きようとする人は、まず事実を真実の根拠は彼岸にあるのでなく、「私」たち一人ひとりの人間の心の此岸に在ることを理解する。そういう人は、自分の確信はいったん保留し、他人の言い分に耳を傾け、譲れるところは譲って妥協し、譲って仲良くすることでより大きな快さを見出すことができるようになるだろう。そしてまた、譲って皆と仲良くすることで、さらに多くの人たちとつき合うことが可能になり、結果としてより楽しい人生を手に入れる機会を持つことができる。

　もちろん、いつも何もかも譲りなさいということではない。そんなことばかりしていたのでは、自分が確立できないし、何より精神がもたない。柔軟で幅のある判断基準を持つべきだということである。

　人生のさまざまな場面において、意見の違う相手の話に耳を傾けることは容易なことではないが、客観的真実、事実は存在しないということを知ったならば、障害が取れて自然と他人の違う意見を聞くことが可能になる。

2.3　自分の欲望を自ら悟る（世界観）

2.3.1　自分の欲望の自己了解が世界観、人生観

　「私」たちは、欲望のおもむくままに行動しているわけではない。欲望は、芽生えてから具体的な行動に移るまでの間、その人固有の世界観に基づいてコントロールされる。世界観は、人生観、人生哲学、価値観さらには幸福感など多くの同義語がある。自分の基本的な考え方であることを主張するときに、「俺の哲学だ」と言うことがある。

　人それぞれの行動の違いは、その人がどんな欲望を持って世界を分節しているかにもよるが、実際の行動は、世界観に左右されることのほうが大きい場合がある。しかし、行動を方向づけているのは、どこまでが欲望でどこからが世界観によるものか境界は不明確である。むしろ世界観も一つ上位レベルの欲望の一部と考えるべきかもしれない。

　日常生活の中で、どうすべきか迷うようなことがあったなら、自分の胸に手をあて、心の奥からの叫びに耳を傾け、自分は本当はどうありたいのか問うてみること、すなわち自分の欲望を自ら悟ることが大切である。この心の叫びこそ人生観であり、価値観であり、そして幸福観である。

　「私」たちは、自分でよいと思う生き方をし、そこに本当の快さが得られなければ決して幸福を感じることができない。単に、欲しいものがそこにあるからと言うだけで、手当たり次第手をだし、感覚的、刹那的な快楽を得ても必ずしも幸福と言えない。むしろ、人生観のもとで選ばれた精神的、永続的な快楽こそ求めるべきではないか。

2.3.2　世界観はその人の経歴、社会的体験、教養の総体

　世界観、価値観は、次章で扱うような理屈で成り立つ世界像と違い、理屈が通らない人それぞれの感性によって支えられている。感性とは、「ほんとう、うそ」「よい、わるい」「きれい、醜い」の判断のよりどころになるもの

であり、その人によって絶対的で疑う余地のないもの、すなわち身体化されたものである。したがって、感性によって支えられている世界観、価値観もその人にとっては強固なものである。

　どんな「世界観」を持つかは、その人自身の過去の経験（経歴）と深い関係がある。その経験には、その人の1）知的文化的体験（どんな教育をどのくらい受けたか、どんな本を読んだか）、2）社会的体験（経営者、労働者、教員など）と社会的経歴（出身階級、人間関係）など、3）幼年時代の体験、4）性質（内向型、外向型）などである。このうち一番大きな決定力を持つのは1）と2）である。

　自分の世界観をより豊かなものにするためには、できるだけ1）と2）の体験を豊富に持つことが望ましい。

　世界観、価値観は強固なものであっても不変なものではない。ある種の欲望と同じように日常生活の中で形づくられ、いろいろなことをきっかけに変化していく。人生の中で、感動することに出会ったり、強いショックを受けたりすることが世界観の形成や変容のきっかけになる。また、周りの人の生きざまを見たり、感動する話を聞いたり本を読んだりすることも契機になり、その人の世界観、価値観に影響を与える。

　たとえば後述の稲盛和夫の人生哲学を読んで世界観、価値観の変容の契機にして欲しい。よい経験を多く持った人は明るいポジティブな世界観を持つようになり、嫌な経験ばかり持った人は何事も暗いネガティブな世界観を持つようになる傾向がある。

2.3.3 「私」の行動は一定の傾向を持っている（行動様式）

　欲望を持ち、行動せずにはいられない「私」たちが、どういう価値判断のもとで行動を選ぶかは、自分の欲望をどう了解しどう付き合うかということである。したがって「世界観とは、自分の欲望についての自己了解である」とも言える。

　これは、人によって比較的一貫性があるが、それらを総合してその人の「人格」とか「精神」とか呼んでいる。また、これらの関係の取り方は、一

つの傾向を持った行為として現れるが、この傾向のことを「行動様式」とも呼んでいる。

　たとえば約束を破ることが平気な「人格」を持った人は、いつも遅刻するという「行動様式」をとる。また、自己中心的なものの考え方を持った人は、人に迷惑をかけても、「ごめんなさい」を言わずに、また注意されると常に言い訳をするという「行動様式」をとる。

2.3.4　ビジネスマンの星・稲盛和夫の人生哲学 [53]、[54]

　当代随一の経営者、稲盛和夫を、ここで取り上げるに当たり、そのスーパーマン振りをどう紹介すべきか、戸惑うばかりである。どう取り上げても不十分さを免れられないから。いま、ここでは、稲盛の書かれた『生き方—人間として一番大切なこと』[53] と『心—人生を意のままにする力』[54] の 2 冊の啓蒙書を手元に置いている。しかし、残念なことにこの本を書いている最中に稲盛さんの訃報を聞くことになってしまった。

　啓蒙書の後者ではよい心について次のように定義している。よい心とは、

『つねに前向きで建設的であること。感謝の心をもち、みんなといっしょに歩もうとする協調性を有していること。明るく肯定的であること。善意に満ち、思いやりがあり、やさしい心をもっていること。努力を惜しまないこと。足るを知り、利己的でなく、強欲でないことなどです。

　いずれも言葉にしてみればありきたりで、小学校の教室に掲げられている標語倫理観や道徳律ですが、それだけにこれらのことは決して軽視せず、頭で理解するだけでなく、体の奥までしみこませ、血肉化しなければならないと思うのです。』

と言っておられる。

　確かに稲盛さんは、やさしい言い方をしておられるが、彼の言う「よい心」を説明した言葉には、かつて僕が読んだどの啓蒙書よりも重みがある。

2.4 科学が受け持つ世界像の認識（科学）

2.4.1 科学が解明を目指している事実、真実は存在しない [14)、17)]

　欲望を持ち、快さを求める「私」は、その充足手段を「世界」に求め、持てる知識を総動員して構想し、実行に移す。そのとき総動員される経験、知識の総体が、その人の持っている世界像である。そして、現代の多くの人たちの世界像を支えているのが科学である。

　この節では、この科学の本質とともに、その限界をあらわにした問題、さらには科学を教える現場としての学校教育について考えてみたい。

　科学の限界をあらわにした問題とは、科学の発達に伴う急速な資源の消費・枯渇問題、さらには科学が発達し大量破壊兵器は高性能のものがつくられても、戦争そのものがなくなりそうにないなどである。

　「私」たちは、学校で教わってきたこと、社会に出てそれを基礎に経験を積み重ねるなかで獲得してきたことを、教えるほうも、教わるほうも、世の中の事実、真実についての知識であると、ごく自然に考えている。ところが、何度も言うように、現象学に従えば、もともと真実だの事実だのというものはこの世に存在していない。

　前節の認識論のところで本庶佑博士の格言で触れた、「教科書に書いてあることを信じてはいけない」との発言は、ここで触れている、科学が目指している事実、真実は存在しない、ということと同じである。

　「私」たちの持っている世界像の多くは科学によって支えられ、体系づけられている。この科学が解明を目指した客観的な事実、真実などというものはあらかじめ存在するものでないとなると、科学によって得られた知識とは一体何だろう。それは欲望論（2.1節）と認識論（2.2節）のところですでに紹介したフッサールの現象学に従えば、次のようになる。

2.4.2　現象学からみた科学の意味─人間一人ひとりの都合で編み上げられた世界像の体系

　繰り返し言っているように、「私」たちが通常「それ自体存在し、真であり、客観的である」と信じている「世界」すなわち客観世界というものはあらかじめ存在するものではない。諸科学が客観対象だと思い込んでいるのは、「私」たち一人ひとりが、欲望、価値観を持って対象世界に向かったとき、恣意的に拒めない知覚を通して存在しているという確信が生じ、それが人間の身体的、精神的同一性のもとで人々のあいだで相互に納得、了解された場合に「客観的」存在、すなわち世界像となって現れているだけのことである。

　そして、科学体系は、この「客観的」存在をいつでも、だれでも、どんな用途にも利用できるようにすることに価値がある、という人間共通の納得、了解のもとで、人間によって記述された認識体系である。だから、科学は、「客観それ自体」の正しい認識でなく、われわれ多くの人間の都合で編み上げられた「世界」の主観的な秩序の把握方法にすぎない。

　また、このことを自然科学に限って言うならば次のようになる。すなわち、自然科学とは、世界は数学的な法則によって隅々まで支配されているという、それ自身として証明することができない前提のもとに、普通の生活の中で得られるようなさまざまな知覚しうる事実から法則を取り出そうとする営みであって、決して「世界の客観的真実」を写し取っているものではない。またそこでは、あらゆる価値評価的態度は、主観的なものとして注意深く排除される。そういう意味で、科学は、単なる一つのフィクション、すなわち架空の話にすぎないと言える。

　したがって、従来の科学での「世界とは何か」という客観主義的な問いかけは誤りであり、人間の意識がつくりあげている「世界像とは何か」という現象学的問いかけに応えることこそが科学の本当の使命である。

　実在物（モノ）が何であるかについては、自然科学が受け持つ。そして、そこでの実在物の認識は、前にも述べたように、人間の間での「身体」的な同一性に基づいて比較的容易に一致する。しかし、理念物、ことがら（コト）を対象とする人文科学においては、客観性をもたらす、精神的同一性、価値

観の一致が成り立ちにくいために、諸説が入り乱れ、ことがらに対する解釈の一致、すなわち客観性が容易に得られにくい。

2.4.3　客観的で科学的であることが常に正しい訳ではない

　科学の進歩は、「私」たちの世界像を豊かにしてくれるが、フッサールが「逆転」として指摘したように、必ずしも生活世界、すなわち日常的な「私」たちの生の「世界」を豊かにしてくれるとは限らない。

　「私」たちは、「君の考え方は客観的でも、科学的でもない、だから駄目なのだ」と他人を非難することがある。しかし主観的で非（前）科学的であることが本当に駄目なのだろうか。

　何度も言ってきたように、現象学は、客観的な存在を認めない。「私」たちが普通に客観的存在と言っているのは、「私」たちの欲望によって、「私」たちの主観の内につくりあげられた「世界」であるにもかかわらず、それが恣意的に排除できず知覚にありありと現れているためにその存在を外部にあるものと考えているものにすぎない。客観は主観の内側にある。よりよく生きるためには、主観の存在を前提にして、それに照らして自分の考えがいかに正しいかを主張するのではなく、むしろ主観の在りように照らして意見を交換し、調整していくことが大切である。

　一方、科学は、前科学的な普通の日常生活の求めに応じて体系づけられた「世界」の純化された解釈の仕方、いうならばフィクションにすぎない。したがって、科学によって日常世界が規定されると考えるのはおかしな話である。話は逆で、主観的で非（前）科学的なほうに根拠がある。

　このように、科学は、本来、人間の欲望を充たし、生活世界を豊かにするための手段であったが、今日の科学万能主義の横行は、次項で言及するように、人間の欲望の中で最も基本的な「個体の保存（一人ひとりの生命）」、「種の保存（人類の生存）」を侵すようになる一方、本質的に科学では追求できない心の豊かさを奪うようになった。

　それは、科学がいくら発達しても、そこでは価値判断の問題を扱うことができないからである。科学は、それを技術として適用する際に、主に経済合

理性を中心とする「どうあるべきか」の手段を選択する判断に役立っても、「どうあるべきか、あってはいけないか」または「なにをすべきか、してはいけないか」の価値判断の議論には役立たない。

　人文科学を含めた科学の発達は、高性能の大量破壊兵器を生み出し、世界平和、人類の共存といった問題には全く無力である。

　一方、科学技術が発達すればするほど、手段の合理性のみが強調され、科学本来の生活世界を豊かにするという目的の価値判断とそのよりどころの議論がおろそかになっている。その結果、急激な産業の成長による資源の枯渇、環境汚染がもたらす、人類が生き続けられるか否かという地球の危機的状態、科学技術のバブル状態である。

2.4.4　科学は「客観それ自体の認識体系である」という錯覚が生じた訳 [5)、11)、14)、17)]

　フッサールは、科学が「客観それ自体」の認識体系であるがごとき錯覚が生じたのは、ガリレオ・ガリレイ（1564〜1642）の測定術に端を発し、次のような経緯によると言っている。

　まず、測定術以降、自然現象は何でも客観的な因果関係の数学モデルによって説明できるとする「自然の数学化」と暑い寒いとか、明るい暗いといった私たちの知覚によって捉えられる諸性質を数式で表現できるとする「感性の数式化」が自然世界を理解する方法の流れになった。

　次に、自然世界すなわち実在物（モノ）の秩序が「数学化」「数式化」によって厳密な形で「世界の客観的実在」として言い当てられるはずだという考え方がいったん成立すると、心理学をはじめとする人文科学が扱うような事柄（コト）についても同じことができると考えるようになった。そして、人間の日常の経験は主観的で相対的、曖昧な世界であり、それに対し計量化され客観化された世界こそ確実で絶対的な世界だ、という感覚を「私」たち人間に与えた。

　その結果として、世界全体の「因果」と「法則」の体系をすべて客観的に知り尽くすことができる、すなわち世界の客観それ自体を科学によって「正

しく」認識できるという確信を人々に与えた。

　一方、もともと科学は、生活上の必要性から、すなわち生活を豊かにするという目的から追求された手段だった。また、日常の普通の生活こそが、因果性や測定術における知覚の基盤であり、科学的な世界を与えている根拠でもある。ところが科学が進歩するにつれて、科学に則って行動する限りすべて正しく、科学こそが日常的なあいまいな現れ方をする世界を根本的に基礎づけている、と一般的にみなされるようになった。いわば手段と目的がひっくり返っている、フッサールの言い方では「逆転」している、と指摘するのである。

　フッサールは、科学体系は、人間の都合で編み上げられた世界の把握方法にすぎないと言った。しかし、それにしても、昨今の科学技術の進歩を見るにつけ、「快さを求める心」と「考える能力」を持った人間はとてつもない体系を編み上げたものである。万事、科学に基づいて行動し、その成果を享受している現代人が科学を「客観それ自体」の正しい認識であると考えるのも無理からぬことである。

2.4.5　持続可能な社会の実現のために

　第1章の問題解決論（1.5）のところで、地球規模の問題として資源枯渇と地球温暖化を取り上げ、現在の地球はこれらの問題を解決し人類が生き永らえるためには、メドウズ博士の主張するように、持続可能な社会のシナリオを用意し実行することが必要なことを述べてきた。

　ここでは、地球システムの危機的状態を招いた背景と回避について、科学、欲望論さらには地球全体を一つのシステムと捉える一般システム論の3つの面から考えてみる。

科学の有用性と「再逆転」　　地球システムにおいて危機的状態が生じたのは、閉鎖系の限りある地球の中にあって、人類の活動の行き過ぎが生じたためである。

　行き過ぎた原因は、急激に進歩した科学・技術を、科学・技術至上主義の

もとで無批判に産業に適用し、大量生産、大量消費、大量廃棄を行い、これからも行おうとしていることにある。そして、科学・技術そのもの、および大量の生産、消費、廃棄の背景には、人間の際限のない欲望の追求がある。

行き過ぎを是正し、危機的な状態に至るのを回避するには、次項で論じる一般システム的思考が有効である。

欲望の編み換え　　地球システムが資源や環境問題で限界を超えて、危機的状態に差しかかっている根本原因は、人間の際限のない欲望の追求と、それに伴う科学・技術の急速な発展がもたらした行き過ぎにある。

行き過ぎから引き返し、人間が生きられる地球を取り戻すためには、私たち人間の欲望を、従来の物質的、量的な成長志向から、精神的、質的な発展思考へと編み換えていかなければならない。やるべきことは、**図3.4-1**（p.82）に示すような差し迫った状況を情報として正しく伝え、欲望を編み換える契機と地球を救う具体的な施策を早急に打ち出すとともに啓蒙活動を展開することである。

一般システム思考の必要性　　一般システム論は、第3章（3.2）で詳しく論じるが、従来の科学技術の細分化、専門化の追求から、地球全体を一つのシステムとして捉える思考方法であり、持続可能な社会の実現には、有効な考え方である。

2.4.6　学校教育の問題

主観から考えることの重要さを教える　　学校で教わることは、教えるほうも教わるほうも、私たちが生活している「世界」の事実、真実であると確信し、また確信させられている。そして、教わったとおり理解し覚えたか、テストで繰り返し試される。よい成績が取れれば、そもそもありもしない世の中の事実、真実についておおかたを知っていると思い込むようになる。その結果、自分の本当に解決しなければならない問題を設定することができず、与えられた問題に対して考え、答えるしかできなくなる。このようなことを

繰り返していると、多くの場面で、自分の認識、考えは常に正しいと思い込むようになる。

しかし、社会に出ると、どうしたらよいかわからないことばかりである。学校で教わった科学に支えられた世界の解釈は、複雑な条件を除いて問題を単純化したところでの世の中の解釈の一つにしかすぎず、それも世の中全体からすればほんのごく一部にすぎない。

ところが、実社会では、学校のテキストのように答えが一つしかないような問題はもはや問題ではなく、違った欲望を持った一人ひとりの見方によっていろいろな解釈が成り立ち、どれも無視できないような条件が複雑に絡み合うような問題ばかりである。そのような問題は、学校で事実、真実あると教わってきた単純化された一つの解釈を寄せ集めるだけでは解決できない。そこでは、まず自分のために自分の力、主観のもとで世界を解釈し直すことが求められる。

しかし、学校では一方的に画一的な「正しい」解釈を教えるだけで、自ら世界についての自分なりの解釈を試みる訓練、一般的にいう創造性を発揮する訓練が行われていない。

テスト漬けの学校での成績が良いと、社会に出て融通の利かない人間になる傾向がある。是正するには、学校教育の根本の改変と個人的には行動様式の変更が必要である。

関係性を重視する教育が学級崩壊を救う　　学校教育のことでもう一つの心配は、自分の考えを明確に述べる一方で、時には妥協していくことの「快さ」「心地よさ」を教えていないことである。

自らの生活の中で、本当に自分にとって何が良いことか、自分の心に問いつつ考えることを会得させることである。本当に自分にとって良いことは、他人にとっても良いことであるはずである。

子供同士で遊ぶ機会を多くすることである。それも遊び道具、ルールは極力単純なものにし、直接体と体の触れあい、あるときには競い、またあるときには協力し合うなかで心が触れあうようなものであることが必要である。また、先生と児童との関係も、教科書やテスト用紙を挟んでのものでなく、

直接会話や行動を通して行われるべきである。

　このような機会を与え、持つことが、いま学校で起きている学級崩壊を救う唯一の道ではないかと考えている。

第3章
「私」が関係する「世界」

3.1 「世界」解釈の歴史

一般システムの定義

　第 2 章では、**図 1.4-1**（p.11）の左半分に示した 9 つのキーワードを用いて、「世界」と関係する「私」とは何者か、それも「私」の『心（こころ）』を中心に話を進めてきた。一方、この第 3 章では、「私」が関係する世の中（「世界」）はどうなっているか見ていく。

　ただし、その「世界」を、今までのように理科、社会、数学などの「教科」という考え方に分けて捉えるのでなく、世界全体を一般的、普遍的、統一的な構造、ふるまい、機能を持つ「一般システム」という一つのシステムとして捉え、次のように定義することで、全く新しい考え方の『一般システム論』を展開していく。

　すなわち、一般システムとは、

　『「**階層構造**」を持った多数の「**構成要素**」が、有機的な「**秩序関係**」を保ち、周囲から種々「**制約**」を受けながらも、また「**変化**」によってもたらされる問題を解決しながら、全体として一つの「**目的**」に向かって「**機能**」するよう「**意志決定**」され、つくられた要素の集合体』

であると 8 つのキーワード用いて定義し、このキーワードをよりどころに、「世界」のすべてを一つのシステムとして論じていく。

3.1.1　世界の根源を考えた最初の哲学者タレス

「万物の根源は水である」

　これはエーゲ海を挟んで、ギリシャ本土の向かいにあるイオニア地方のまち出身の哲学者タレス（紀元前 624〜546）の言葉である。以来、今日まで、「世界」とは何かについて多くの哲学者によって語られてきた。

　その代表的なものが、17 世紀までの科学を支配してきた万学の祖と言わ

れるギリシャの大哲学者アリストテレス（紀元前384〜322）の自然学である。自然学は、日常の知覚世界において見たり、触ったりできる具体的で個別な事物のみを対象に、知覚を通して得られる経験に即して具体的、全面的に記述することを基本にしていた。

　この自然学は、だれもがごく自然に知覚経験に即して設定された強固な自然哲学に基づく体系であったがために解体は容易ではなく、二千年の長期にわたり世界を支配してきた。

　なお、中世の哲学は、キリスト教下での世界に関する神（キリスト）の思想に基づく世界の解釈、説明が支配的であった。

3.1.2　諸科学の哲学からの独立 [5]、[8]、[11]

　中世までの科学は哲学の一部として哲学に従属していた。ところが近世的な自然研究が、哲学的な考え方を捨て、ただ自然現象が事実どういうあり方で存在ということを研究するようになり、まず自然科学が哲学から次々に独立していった（**図 3.1-1**）。

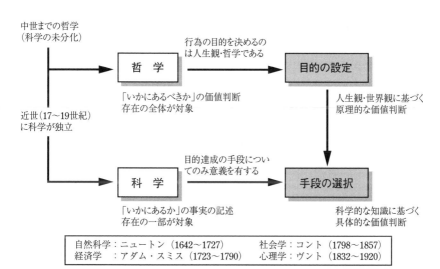

図 3.1-1　科学の哲学からの独立とその後の両者の役割

自然科学の哲学からの独立

　アリストテレスの自然学を根本のところで解体し、科学革命を行ったのが実験物理学の祖とも言われたガリレオ（1564～1642）である。ガリレオは、アリストテレスと違い、対象を感覚知覚の個別対象から抽出し、すなわち個々のものに共通な点を取り出し一つの考え方にまとめ、それを数学的に記述する方法を採った。そこでは、数学的対象として表現された世界こそが自然や宇宙の実存的な世界であり、具体的な現象は、数学で抽象化された世界の一つの現れ方であるとした。

　ガリレオの抽象化、数学化の考え方をさらに徹底的に進め、新しい自然観ないし自然哲学をつくりあげたのがデカルト（1596～1650）である。デカルトは、「我思う故に我あり」という名言で有名な、「心身二元論」をとった哲学者である。

　ガリレオとデカルトによって、アリストテレスの自然哲学や自然学が解体され、新たに設定された自然哲学や自然学は、ガリレイが亡くなった年に生れたニュートン（1642～1727）に引き継がれ、万有引力の法則を発見するに至って確かな立場を得た。

　そして、このような目覚ましい科学の発展は、大哲学者カント（1723～1803）をして、「かつて万学の王と言われながら転落していった哲学に対し、今ではありとあらゆる軽侮を示すことが流行になった」ということを言わしめ、嘆かせるに至った。

社会科学の哲学からの独立

　このように、自然科学の目覚ましい発展を遂げたことに刺激されて、やがて社会現象、心理現象に対しても科学的研究が行われるようになり、社会科学が哲学から独立していった。

　アダムスミス（1723～1790）の「富国論」は道徳哲学の講義の一部として講ぜられたものだが、やがて哲学から離れ経済学として独立の科学になった。

　コント（1798～1857）は社会現象を科学的、実証的に研究し、社会学を成立させた。

　哲学と密接に結びついていた心理学も、ヴィント（1832～1920）などに

よって実験心理学として確立し、科学として独立していった。

　しかし、最近の科学、特に遺伝子の研究成果に見る生命科学の進歩は、哲学の最後の砦であり、対象化することが不可能だと思われてきた価値判断や行為の選択、精神活動の仕組みについての解明も可能にしつつある。このような哲学の科学化の中で、哲学と科学の境界、役割の議論は、大変難しい問題になってきている。

3.1.3　科学技術の進歩に伴う細分化、専門化の必然性[2)]

科学の方法

　科学は、哲学から分離、独立する一方で、科学自身の対象の捉え方と科学の方法が必然的に細分化へと進み、今日では数え切れないくらい多くの専門的な領域が対象とされるようになった。

　科学という日本語は、科の分かれた学問、すなわち分科的学問という意味からきているように、自然、生物、社会、精神などいろいろな事物の存在、現象を別々に分けて、その一つひとつについて正確な知識を獲得しようとするものである。

　私たちは、何かを認識、把握するときには、必ず何らかの関心、目的意識を持って「世界」から切り取り、そこに注意を向けることを行っている。

　科学は、対象を切り取り、そこに注意を向けることを徹底的に行い、切り取った部分と周囲との関係を、「因果関係とそのネットワーク関係」として明らかにしながら対象全体を体系的に記述したもの、すなわち「世界」に秩序を与えることであるとも言える。

　理性を重視し、合理性を追求し、ガリレイとともに近世科学の先駆者となったデカルトは、主著の『方法序説』の中で、自分の哲学を始めるに当たって方法論を説いている。その方法論で４つのことを言っているが、そのなかの一つに「検討しようとする対象を単純な小さな部分に分けて考えること」というのがある。

　現代の科学は、このデカルトの方法論の延長上にある。すなわち、科学は、哲学のように全体としてではなく、すべて特定な事象という一部を対象

に「分析」と「実験」を方法として進められる。「分析」とは要素への還元であるとも言われているが、ものごとを必要なところまで部分に分けることによって対象を知る方法である。

科学が進むとは細分化が進むこと

デカルトは、学問（主に自然学、すなわち物理学）の方法として「検討しようとする対象を単純な小さな部分に分けて考えること」を説いたのであって、学問として目指したのは、対象の相違によって、対象ごとに分けて認識するのでなく、広範囲な対象を統一的、普遍的に扱えるようにすることであった。

しかし、現実には、科学がどんどん進むということは、ものごとがどんどん要素、すなわち部分に分けられていくことであるから、科学体系は必然的に細分化されていった。また、要素が多くなると一人で扱いきれなくなり、専門化せざるを得なくなる。現実には、細分化された対象の名前がそのまま新たな科学の名称になり、専門の名称になっている。

各専門分野にはいろいろな研究項目があり、やがてそれらが分離独立して新たな専門分野を形成する一方、学際的な分野も加わり、ますます専門の細分化が進む傾向にある。

科学、社会、文化が発達するにつれて細分化、専門化が進み、その進んだ科学・技術を用いて「世界」（世の中）の説明・解釈が行われてきた。日本の大学を代表する東京大学は、法学部、経済学部、理学部、工学部など10の学部と、その学部に下に、工学部の建築学科、機械工学科、応用化学科、天文学科、理学部の数学科など44の学部で構成されている。

確かに、科学・技術はこれらの専門分野、個々には目覚ましい進歩、発展を遂げているが、現在の個々の科学技術に支えられている世界像は、各科学分野の単ある寄せ集めの総体としてあるだけであって、「世界」全体の普遍的、統一的な解釈、すなわち「私」たちが関係する「世界」の根本的、本質的な解釈、把握になっていない。そのために、「私」たちが「世界」と関係していくうえで後述するようないろいろな**問題**や**不都合**が生じていることを

是正する目的で、約 80 年前に**一般システム論**なる新しい学問が生れた。

多くの人たちは、自分の専門分野が、このような歴史的経過を経て成立していることを十分理解していないために、本来専門を超えて取り組まなければならない問題の解決において、専門範囲にこだわり専門を超えてものごとを見ることができない傾向が見られる。

3.1.4　科学の細分化、専門化がもたらす問題と不都合

現在の世界像は、科学の発達に伴い細分化、専門化されていった各科学分野の単なる寄せ集めの総体としてあるだけであって、世界全体の普遍的、統一的な解釈、すなわち「私」たちが関係する対象「世界」の根本的、本質的な解釈、把握になっていない。

そのために、「私」たちが「世界」と関係していくなかでいろいろな問題や不都合が生じている。

科学の細分化、専門化がもたらす問題

問題の一つは、第 2 章で言及したように、発達した科学が、科学至上主義、物質的な成長至上主義のもとで、欲望を充たすために無原則に産業や社会に適用されたことによって人類の存亡につながりかねないほどの行き過ぎが地球システムにおいて生じつつあることである。この行き過ぎの原因の一つは、細分化、専門化された科学技術が個別に適用されていることにあり、専門的な立場を超えて全体的、普遍的に「世界」を見る視点を欠いたことにある。

2 つ目の問題は、科学の進歩は、精密な大量破壊兵器の生産を可能にはしたが、国際テロやウクライナ紛争の回避に全く無能なままであることである。自然科学の成功に促されて、その手法を価値観が支配する社会科学、人文科学まで持ち込みはしたものの、小は日常生活の中での個人間、個人と社会、大は国家間、国家と世界観、異なる宗教間で多発するトラブルを回避し、または解決する有効な方法を見出せないでいることである。

科学の細分化、専門化がもたらす不都合

　一方、科学や技術の細分化、専門化が進んだことにより不都合が生じている。その一つは、科学技術の急速な発展によってもたらされた諸システムが巨大化、複雑化し、さらには相互関連を強めているなかで起きているさまざまな問題を、的確かつ迅速に処理していくうえで、細分化された科学技術の専門ごとの適用では解決できないということである。

　不都合の2つ目は、職場でのルーチンワークはロボットが取って代わり、職場で働く人たちに求められる仕事は、職域を超えたより広い範囲でのものになってきているが、この要求に応えていくためには単なる従来の職業経験の適用では不十分である。

3.1.5　科学技術の進歩、発展がもたらした専門化、細分化からの反転し、8つのキーワードを用いて一般システムとして論じる

　これらの問題や不都合を解決、解消していくためには、科学・技術の発展する過程で進んだ専門化、細分化から引き返して、全体的、統一的、普遍的に把握する方法を持つことが不可欠である。

　第2章では、「世界」と関係する「私」を中心にすえ、「私」の本質と「私」にとっての「世界」存在の意味と価値について論じてきた。この第3章では、「私」が関係する「世界」に重心を移し、諸問題を解決しながら快適に生きるための、世の中を全体的、統一的に把握する新しい方法を「**一般システム論**」として論じていく。

　「世界」（世の中、事物）で起きる問題を理解し、新しい「世界」を手に入れうる場合には、まず次節以降で詳しく説明する8つのキーワードを用いてあらゆるタイプ、大きさのすべての「世界」をイメージする。さらに詳しく知りたければ、8つのキーワードをそれぞれさらにブレークダウンすることで詳細に理解する。

3.2 「世界」全体の統一的、普遍的理解を 目指す一般システム論

3.2.1 一般システムとは

多用されるシステムという言葉[42]

　最近、システムという言葉に出合う機会が多くなった。システムという言葉は、ケオス（混沌）の反対語である。混沌とした世の中にあって、秩序を求める傾向がシステムなる言葉の多用に現れているのかもしれない。

　広辞苑では、システムとは「**複数の構成要素が有機的に関係し合い、全体としてまとまった機能を発揮している集合体**」である、と説明している。最近、普通名詞の後ろにシステムをつけて語る場合は、漠然と名詞の意味する事物を指すのでなく、その事物が広辞苑のいうように、システムの名称からイメージできる機能の発揮が保証されている存在、すなわちシスマチックな存在を意識して用いられる。

　システムという言葉は、一般性の高い概念であるため、使われている文脈によって系、体系、制度、方式、構造、組織といった多種多様な言葉に充当するものとして使われている。

普通名詞で呼ぶ事物はすべてシステムになりうる

　普通名詞で呼ばれているものはすべての事物（コト、モノ）がシステムになりうる。「私」たちは世界を言葉によって分節しつつ経験しているが、そのなかである種の共通の特徴を備えていて一つの類に属すると考えられる。すなわち一つの概念で捉られるどのものごとにも適用できる名詞を普通名詞と呼んでいる。

　「私」は、一人の人間として、地球という太陽系の中の一つの星上に自然に囲まれて一つのあるレベルの要素として存在し、社会システムをはじめとする人工システムをつくり、それと自然を利用しながら生きている。現象学的に言うと、欲望や関心を向けたとき意味や価値のあるものとして現れ、認

識される限りの対象はすべてがシステムである。

システムという言葉自身もこれと同じ普通名詞である。そして、システムが一つの類とみなせる共通の特徴は、また、僕がこの本で展開する一般システム論では、後述のシステムの定義で捉えられるすべての事物《システム》に一般システム共通な特徴である。

したがって、システムは、すべての普通名詞を包含した普通名詞、すなわち普通名詞を類別していったとき、最高レベルの位置にある普通名詞である。

3.2.2 一般システム論

この本では、システムの前に「一般」をつけて「一般システム」という言葉を使う。この表現は、たとえば、特別の立場、職業に就いている人でなく、普通のサラリーマンや主婦らを指して一般人という場合の一般の意味と同じである。

したがって一般システム論とは、従来のように科学・技術が固有または特定の分野のシステムごとに対象化して論じるのでなく、「世界」に存在しているあらゆる事物を一般システムと呼びながら、すべての事物を普遍的に論じることを意味する。

科学技術という場合、技術は科学を使いやすくした科学マニュアルの意味がある。しかし哲学を使いやすくした哲学技術すなわち、哲学マニュアルという言葉はない。

一般システム論を最初に提唱したL. フォン・ベルタランフィ[35] は、一般システム論をさまざまな科学分野で個別に適用して見せている。

また、『応用一般システム思考』なる本を出している T. ダウニング・バウラー[38] は、一般システム論は、数学や論理学のようなフォーマル学問領域に達していないものの、最も高次の一般論を展開する理論であると言っている。

しかし、これらは一般システム技術論、すなわちマニュアルになっていない。そこで、僕は、新たに、後述するような一般システム論のマニュアルとして、「一般世界システム大村モデル」を提案する。

3.2.3 文献に見る一般システム論

1) L. フォン・ベルタランフィ、長野敬ら訳『一般システム理論—その基礎・発展・応用』みすず書房、1973 年

2) ジェラルド・M. ワインバーグ、松田武彦監訳、増田信爾訳『一般システム思考入門』紀伊国屋書店、1979 年

3) システム科学研究所編『システム考現学—社会をみる眼』学芸出版社、1982 年

4) T. ダウニング・バウラー、中野文平ら訳『応用一般システム思考』紀伊国屋書店、1983 年

5) 大村朔平『企画・計画・設計のためのシステム思考入門』悠々社、1992 年

大村朔平『一般システムの現象学—よりよく生きるために』技報堂出版、2005 年

1)「一般システム理論」は、1973 年（昭和 48 年）にフォン・ベルタランフィ教授によって最初に提唱されたここ 100 年足らずの若い学問である[35]。彼は、従来のように細分化されたそれぞれの専門によってではなく、統一的・普遍的な世界の理解と把握を目的とした新しい学問を目指した。また、一般システム論を、さまざまな科学分野で個別に適用して見せている。

2) ワインバーグはフォン・ベルタランフィの『一般システム理論』出版から 11 年後の 1979 年に、新しい学問である一般システム論の普及を狙って『一般システム思考入門』なる本を世に出した[36]。この本の訳者、増田伸爾は、「この本は、専門的な深い知識と教養を持つ現代人が、しかもそれに支配されない、自由で、柔軟な洞察力や発想を可能にする。」とも、また「この本を通して、異なる分野の人々が、同一の言葉と同一の概念で物事の本質を思考し議論することを可能にした。」とも言っている。

3)『システム考現学—社会をみる眼』（1982 年）を著わした京都大学のグルー

プは、日本で数少ない一般システム論を早くから展開してきた人たちである[37]。
サブタイトルからもわかるように、この考現学は、人間社会に重心を置いた
社会システムの考現学になっている。そこでは「われわれのシステム論は、
こうした人間と自然が同等な立場にあるという反省にたった、システムなる
ものがどうあるべきなのかを考えてみるべきであろう。」といっている。僕
のように自然科学系の人間にとって、多くの有益な視点が提供されている。

4)『応用一般システム思考』(1983年)を著わしたダウニング・バウラーは、
「一般システム論は、簡単にいえば、システムについての有用な一般論を展
開しようとするものである。この理論は、システムの特徴についてはすべて
のシステムに共通する特徴と当該システムに固有な特徴とが存在するとい
う仮定に立脚している。一般論とは、常にある実体のクラスに対して議論し
たものであり、固有名詞以外のすべての単語は一般論に関するするものであ
る。」と言っている[38]。

5) 僕は、1992年に『企画・計画・設計のためのシステム思考入門』[39]なる本を、
また、2005年には、『一般システムの現象学―よりよく生きるために』[55]な
る本を出版した。これは、横浜国立大学工学部で教えていたシステム論の講
義録をまとめたもので、一般システム論を現象学なる哲学的な視点を加えて
論じている。
　一方、今書いているこの本は、現象学に依拠した一般システム論を後述
(3.3.3) のような多様な経験を生かし「一般世界システム大村モデル」として、
新たにやさしく書き直したものである。

3.2.4　現象学から見た一般システム論

僕の最初の一般システム論

　1992年に出版した『企画・計画・設計のためのシステム思考入門』[39]は、
仕事として問題解決のために企画・計画・設計に携わる人たち、それも専門
分野を超えて取り組む人たちが、世界をどう捉えながら仕事をすべきか、を

示した僕の一般システム論の最初の入門書として示したものである。

このときの一般システム論は、哲学的な視点を欠いたものだった。そんな折りに出会ったのが、ドイツの哲学者、フッサールが提唱した現象学をやさしく解説したり、自ら展開したりしている竹田青嗣や西研らが著わした一連の本だった。

現象学についてはすでに素描したが（1.4.3）、そこでも本質観取という手法は、僕の当初の一般システム論のアプローチ手法とほとんど同じであることがわかった。すなわち、一般システム論を現象学的に言うと、「多くの実例を自由に任意に体験に問いかけ、想像しながら、その都度の具体的、個別的な事物の在り方でなく、どの事物にも共通な本質構造を取り出す作業である」ということになる。

3.2.5 一般システム論がもたらす可能性

『応用一般システム思考』を著したバウラー[38] は、心理学の知識や理解を一般システムモデルを用いて思考するなかで、一般システム論の利点について次のように述べている。

「このような特徴を有したモデルを考えることは、ある分野の知識をほかの分野に移植したり比較することが容易になるということである。一般シス

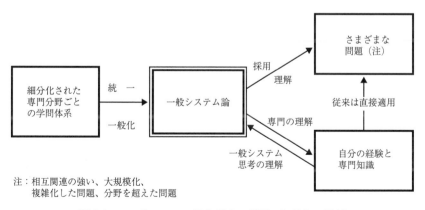

注：相互関連の強い、大規模化、
　　複雑化した問題、分野を超えた問題

図 3.2-1　一般システム論と従来の学問、知識との関係

テム論は、考察に新しい知見を与えてくれるとは限らないが、従来バラバラ
であった知識を体系づけるモデルや、それにより新たな発見や透明な理解を
促すであろう視座を提供するものである。また、一般システム論は、そのよ
うな新しい発見がどこに潜んでいるかを探り当てる道しるべの役割を果たす
ものである。」

一般システム論は法則の法則

　このように一般システム論は、専門分野ごとの垣根を取り払い専門の細分
化とは逆に、すべての分野に普遍的に適用できる統一的な一般理論モデルを
展開することを狙っている。言うなれば、一般システム論は、個別の対象を
持つ諸学問の論理、法則を個別の対象を超えて**形式的**に扱う学問である。こ
れに対し、諸科学は、具体的対象を持つ**質量的**な学問である。

　したがって、ここでは、各分野で確立されたさまざまな法則を包含できる
法則、すなわち「法則の法則」が追求される。この「法則の法則」は当然の
ことながら、あらゆる事物に潜んでいる基本的で重要な特徴が共通的、普遍
的に存在するものとして抽出され、かつ統一的に説明されるものでなければ
ならない。

　僕の一般システム論も、そうありたいと願いつつ、比較的多様な人生経験
や職業経験をもとにベルタラフィやバウラーと同じようなことを狙って展開
したものである。

　一般システム論が目指す、一般化、普遍化は、当然のことながらその説明
内容は抽象的になる。抽象化は、抽象という言葉が意味するように、一つひ
とつの世界を直接には表せないが、その代わり多様な対象、複雑な対象に接
近することを可能にする極めて有用な方法である。

　一般システム論は、バウラーも言っているように、数学や論理学のような
フォーマルになっていないし多くの人たちが試論を出し合っている段階であ
るが、バラバラな学問を統合化し、世界を統一的に見通す概念、枠組を与え
ることではかなり成功しているように思える。次節以降に示す、僕の「一般
システム論」もまさに試論であり、私論以外の何ものでもない。

|コ|ラ|ム| 逆三角形の法則—計画の上流主義[39)]

　問題解決、計画・設計の善し悪しは、しばしば費用対効果という考え方で判断されます。費用対効果とは、問題の解決にかかった経費を、解決がもたらす効果、すなわち目的の達成度で割ったものです。高い買い物であったか、安い買い物であったか、ということです。

　問題解決における計画から実施にかけての一連の流れのなかでの費用をみると、後にいくにつれてだんだん大きくなります（**図3.2-2**の左側）。最初の基本計画の段階では、携わる人数も少なく、調査費などを入れても比較的少ない費用で済みます。しかし、作業が基本設計、詳細設計へと進むにつれて携わる人もだんだん増え、費用もかさんできます。さらに、計画に基づく実施の段階ではますます費用が増え、それも大きな施設の取得を伴う場合には、80～90％の費用がこの段階に投入されることもしばしばあります。

　一方、効果的な解決ができたか、すなわち目的が達成できたか否かは、まず、最初の基本設計段階で計画されるシステムが備え持つべき機能の善し悪しにかかっています。基本計画が悪ければ、目的を十分に達成できないし、実施段階で無駄なことをしなければなりません。

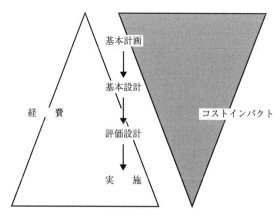

図3.2-2　逆三角形の法則—事業段階とコストインパクト

作業が進むにつれて成果に反映できる選択の余地は小さくなります。

　また、上流の作業の失敗は、後続の作業でいくらがんばっても取り返せるものではありません。たとえば、最後の実施段階で、業者やメーカーとの価格交渉によって多少安く手に入っても、最初の計画が失敗していれば、出来の悪いシステムを安く買ったにすぎません。

　このように、実施の結果できあがったものの費用対効果への各作業段階の影響、すなわちコストインパクトは、作業が進むにつれてだんだん小さくなります（**図 3.2-2** の右側）。

　私たちは、実施段階に費用がかかるがゆえに、そこに目が奪われがちになります。しかし、本当に大事なことは、実施段階の費用をセーブすることでなく、最初に掲げた目的なり目標を達成することであるはずです。そのために、計画作業の上流に十分な時間と経費をかけるべきです。何事も最初が肝腎です。もちろん、実施段階をおろそかにしてもよいということでありません。

　計画の上流ではシステムの機能、すなわちシステムのソフト面が議論の中心になり、下流にいくに従って具体的なもの、すなわちハード面に議論が移っていきます。この上流を重視する考え方は、計画の機能重視、ソフト重視または上流主義と言われます。

　このように、計画から事業へと事業が進むにつれて費用が三角形状に増大していくことに対し、コストインパクトは逆三角形状に減少していきます。そこで、僕は、この性質を「逆三角形の法則」と呼び、事業を進めるうえで大切にする姿勢を強調するのに用いています。このことは、計画、設計の当事者のみならず、計画・設計を依頼する者も心すべきことです。

3.3　一般世界システム大村モデル

　科学・技術が進歩するにつれその細分化、専門化が進み、それを適用するに当たりいろいろ問題が生じた。フォン・ベルタランフィ[35] は、それを克服するために、事物（システム）のいかん、大小に関わらず、その存在、挙動をシンプルなモデルで扱う一般システム論なる新しい学問を創設した。

　この節以降では、前節までに示したような一般システム論を日常利用しやすくするために、先哲の考え方に、次項で示すような、僕の比較的多様な人生経験を加えた、「世界」解釈のための「**一般世界システム大村モデル**」を提案する。

　モデルは、8つのキーワードを用いて定義され、具体的には3つの利用方法が示されている（3.3.2）。

3.3.1　「一般世界システム大村モデル」による「世界」の定義

　まず、3.2節の冒頭で、広辞苑では、システムとは「複数の構成要素が有機的に関係し合い、全体としてまとまった機能を発揮している集合体」である、と説明していることを紹介した。ここでは、この広辞苑の説明の基本を残して、実用的に展開しやすいよう8つのキーワードを用いて僕独自の対象「世界」を**図 1.4-1**（p.11）に示したように宇宙にまで広げた。

　すなわち、8つのキーワードを用いて「**一般世界システム大村モデル**」によって説明される一般システム（事物）とは（第3章の冒頭の定義を再掲）、

　『「**階層構造**」を持った多数の「**構成要素**」が、有機的な「**秩序関係**」を保ち、周囲から種々「**制約**」を受けながらも、また「**変化**」によってもたらされる問題を解決しながら、全体として一つの「**目的**」に向かって「**機能**」するよう「**意志決定**」され、つくられた要素の集合体』

である。

　8のキーワードは、具体的なシステム（事物）によって、場面によってその重みが、また呼び方が異なる。さらには、当該システムの特性、特徴を決定づける固有の別の呼び方があるが、基本的なところでの意味合いは同じである。

　たとえば「**目的**」はシステムの存在目的、意義さらには関心などを意味する。「**構成要素**」はシステム内に詰まっている事物（コト、モノ）を意味するが、その「**階層構造**」は、大きなシステムをシンプルに扱うことを可能にする。要素間やシステム間の「**関係**」や「**制約**」はシステムのふるまいに適度の緊張感を持たすことでシステムがスムーズに働くようになる。この本では問題解決を論じているが、その問題発生の多くは、人の生死避けがたい、宇宙誕生以来の絶え間ない「**変化**」が原因になっている。

　定義されたようなシステムを機能させるためには、当然ながら資源（リソース）が必要である。リソースとしては、まず人であり、原材料などの物質、エネルギー、技術、情報、さらには、それらの基盤としての自然などである。これらのことは、キーワードごとに節を設け以降で詳しく論じていく。

3.3.2　モデルの3つの利用方法

　この本では、相互関係を持つ「私」と「世界」について、「私」とは何者か、「世界」はどうなっているか、さらにその両者はどんな関係を持っているかを論じていくことで、限りある人生を最大限有意義に過ごすにはどうあるべきか考えていく。

　「私」とは何者かについては第2章ですでに論じてきた。「世界」はどうなっているかについては、この第3章で、「一般世界システム大村モデル」を用いて、シンプルに捉える方法を示す。

　バウラーは、一般システム論がもたらす可能性を紹介（3.2.5）したところで、一般システム論の利点を説明しているが、僕のモデルも基本的には同じである。モデルの利用方法は、「世界」と向き合いながら問題解決する場合、いろいろな利用方法があるが、大別すると以下に示す3つが想定できる。いずれの場合も、対象システムを8つのキーワードを用いて大雑把に捉え、階

層に沿って必要な深さまで細かく掘り下げていく。

1) 既存の事物（システム）を理解

　まず、基本は、目の前の既存の事物を理解することが必要な場合である。事物を「一般世界システム大村モデル」の8つのキーワードに当てはめることで全体を把握できる。次に大きな、複雑なシステムの詳細を従来の個々の「教科」という概念のもとで発達させた科学・技術や経験をシステムの階層性に従いながら適用していくことで全体を詳細に把握することが可能になる。

2) 新たな事物の創造

　次の利用は、新た事物（システム）をつくる場合である。画家が新しい絵を描くとき、白いキャンバスに向かって描きたい絵を構想し、素描を繰り返しながら、描くべき一枚の絵を決めていくことと同じで、新たにことを始めたり、事物をつくったりする際に、システムをつくる目的から始めて、システムが備えるべき機能をシステムの8つのキーワードを念頭に構想する。次に上述の既存のシステムの理解の場合と同じように、従来の科学・技術、および経験を生かしながら新たなシステムをつくりあげていく。

3) 既存の事物の問題処理

　最後の場合は、既存の事物の問題点の在りかを、最初の既存のシステムの理解や新たな事物の場合と同じように、システムモデルに当てはめて、問題の在りかを大から小へと段階的に探りながら、問題解決していく場合である。

　3つの利用方法は、いずれの場合も、8つのキーワードに具体的な事項を当てはめることで事物（システム）全体を大雑把に理解、把握することから始める。

　モデルの利用に当たっては、8つのキーワードの意味の理解が不可欠である。そのため、次節以降でキーワードごとに節を設けキーワードの意味、適用上の注意点を示していく。

3.3.3　一般システム論の展開を可能にしてくれた僕の多様な経験

　前章で、8 つのキーワードを用いて世界システムを「一般世界システム大村モデル」として定義することで、「世界」のすべてはどうなっているか説明できると言った。このモデルを誕生させた背景にある僕の経験に触れておくことで、モデルの意味とモデルによって担保されている内容を知ることができる。

　一般システム論を提唱した最初のフォン・ベルタランフィの著書『一般システム理論』以来、多くの研究者による一般システムの解説書が出版されてきた。これらを参照する一方、世界的なエンジニアリング会社日揮で僕なりに一般システム論を実践し、また、解説書を出版するなどしてきた[55]。ここに新たに一般システムモデルを『「私」と「世界」』として出版するに当たり、僕の経験を記しておくことは、大村モデル展開の背景を理解するうえで、またモデルの有効性を評価するうえで意味あると考えた。

1）50 年間以上同じ業務コード体系が使われてきた日揮の WBS

　僕のビジネス人生の最大の手柄話から始める。

　最初の自慢話は、世界的に大手のエンジニアリング会社日揮が、50 年間以上変えることなく使い続けている、WBS と呼ばれているピラミット型階層構造を持つすべてのプロジェクトに有効な作業体系を僕が構築したことである。

　この場合の作業名は、もちろんエンジニアに求められる仕事を指しているが、プロジェクトにおいては、単に仕事を指すだけでなく、使われる場面によっては、その仕事に関わる技術や労賃、さらには仕事のタイミングであったりする。

　日揮という世界トップクラスのエンジニアリング会社が、世界で活躍する基礎になった、あらゆる生産施設、社会施設建設のプロジェクトに適用している作業のコード体系である。この体系は、驚くなかれ同じものが、プロジェクト管理者、プラント建設に関する計画・設計者、建設機材の調達担当者などすべてのプロジェクト関係者が、50 年以上にわたって、変えること

なく使い続けているのだ。

　同じモノが使い続けられているのは、進歩していないからだとも言える。しかし本件の使われ方の実態をみると、陳腐化したものが使われているのでなく、本質的、本来的な正しい使われ方がされていることで変えようがないためである。

　このコード体系、WBS は、日揮が世界中で展開するあらゆるタイプのプロジェクトに適用し、プロジェクトにおける情報交換、情報管理の基軸をなし、すべてのプロジェクト関係者が毎日使っているコードである。

　また、この体系は、プロジェクトのタイプ、数十億から数千億円の規模の大小、建設現場の沿岸地帯、ジャングル、砂漠、北極海などの違い、さらには国家、民族などの違いに関係なく実にさまざまなプロジェクトに適用可能である。WBS はプロジェクトにおける作業そのものを軸に適用技術、工程、資金、作業者などのあらゆる管理体系の基軸にしている。

　このコードは、日揮で働く人たちが毎日使う仕事上の会話言語であり、過去の仕事、将来の仕事の議論にも使える。すなわち、今の仕事に過去のデータが生かされ、将来の仕事にも生かさせるデータが自動的に蓄積できているからである。

　このコードは、プロジェクトに必要なすべての仕事が洗い出され、スマートに階層的に整理、体系化したものである。具体的には後ほど詳しく説明するが、この本のテーマである「世界」をシンプルに捉え、関わっていく方法を一般システム論として説くのにふさわしい事例になると思う。なおこのコードの活用は、日揮の経験豊富なエンジニアが構築したプロジェクト管理システムの運用と一体となって威力を発揮している。

2) 転職人生

　僕は、今年で 85 歳になるが、ビジネスマンとしては転職人生であったと総括している。

最初の職場は化学工場　　僕の最初の職場は、人生において重要な経験になった大内振興化学工業という多品種少量生産の化学工場であった。

そこでの僕の仕事は、製造工程の改善で、回分式から連続化、オートメーション化だった。連続化とオートメーション化の実現により、工程の改善が一気に進み、ある工程のいくつかにおいて、生産設備費は1／3へ低減、労務費は半分以下、収率は40％から95％に上がり、会社から特別表彰を受けた。

工場は、高温／低温、高圧／低圧下で毒性のある物質も含めたガス／液／粉体を扱う現場を抱えていた。化学工場として規模は小さいながらも、あらゆる単位操作が含まれていた。時代とはいえ、高圧反応器に軍艦の魚雷発射管の転用品が使われていた。

このころの経験は、後のエンジニアリング会社での多様な仕事や化学工学の研究に役立った。

横浜国立大学工学部化学工学科の助手としてコンピュータとの出会い　化学会社には、3年少し勤務した後、横浜国立大学に助手として移った。化学工学科で、伝熱工学、触媒工学の研究を続けたが、データ解析などに電子計算機を使った。当時は、まだそろばんと手回しの計算機全盛の時代でコンピュータとは言わず、電子計算機と呼んでいた。

性能は、今の高性能電卓以下のもので、入力はモールス信号のような穴の開いている紙テープが使われていた。当時の電算機の周辺機器には一部真空管が使われていたが、そのころは半導体の急激な進歩に支えられてコンピュータも急速に進歩していた。

3) 多成分系蒸留計算に必要な3万元非線形連立方程式の安定的な解法の確立、大型プロセス・シミュレータの開発

横国大から日揮に移ってからの大きな仕事は、前述のWBSコードの構築のほかに、プラント・エンジニアリング世界での、プロセス設計と呼ばれる工場全体の物質、熱収支計算用のシミュレータの開発だった。

コンピュータが大型化、高速化したとはいえ、3万元非線形連立方程式を安定的に解くのは容易ではなかった。僕の場合、収支計算をするだけでなく、所定の品質の製品を生産するのに必要な設備の大きさまでを決める《たとえ

ば蒸留塔の必要段数をも同時に計算してしまう》能力を持つ世界で初めての
シミュレータだった。このシミュレータの開発は、イギリスでの蒸留問題の
国際シンポジウムで取り上げられ、また僕のドクター論文にもなった。

4) エンジニアリング会社の大型で複雑なプロジェクト遂行のための全体管理システム（PMS）の開発と活用によって世界のトップクラスエンジニアリング会社に上り詰めた

　大型プロジェクトのデジタル化プロジェクトに、僕が開発したWBS、大
型プロセス・シミュレータをひっさげて参加した。

　このようなプロジェクトを円滑に、問題なく進めるためには、プロジェク
ト管理の仕組み（システム）のもとで、実行すべきすべての作業、それに関
わる人（ヒト）、建設資材（モノ）、お金（カネ）などの管理、さらには本社
（横浜）と建設現場サイトのやりとりを含めた、関係者全員の円滑なコミュ
ニケーションが必要になる。これらすべてを一括管理する仕組をプロジェク
ト・マネジメント・システム（PMS）と呼んでいる。

　このシステムを運用するためにすでに述べた、事業の大きさ（10億から
数千億円）、種類に関係なく、どの事業にも共通に適用できるシンプルな作
業コード体系すなわちWBS（ワーク・ブレークダウン・ストラクチャー、
直訳すると作業分割構造）を用意し、40年間、同じコード体系を使い続け
ている。このコード体系の善し悪しはプロジェクトの成否を決定づけるが、
日揮を世界トップクラスへと押し上げたことを見るにつけ、大成功であった
と言える。

　WBSについて、詳しくは、「3.5 システムの「構成要素」とその「階層性」」
で論じる。

5) 新エネルギー事業の開発

　日揮を退職して設立した会社の仕事は、風力・太陽光・小水力プラントな
どの新エネルギー施設を開発する会社だった。当時は、国産の大型風力発電
機はなく、海外に探し輸入することから始めた。現在も岩手に8か所目の大
型風力発電所を建設中である。

3.4 人工システムの「目的」と「機能」

3.4.1 人工システムは必ず「目的」を持つ

「私」と「世界」の関係

この第 3 章では、第 2 章の「私」の話から、「私」が関係する「世界」に話を移し、「私」が関係する「世界」はどうなっているか説明しようとしている。

その「世界」解釈の話は、義務教育の段階から教科ごとに仕切られ、高等教育になると専門ごとの学問として扱われているため、問題や不都合が生じ、それを克服するために、新しい学問として一般システム論（3.2.2）が生れた。

僕も多様な経験をもとに「一般世界システム大村モデル」を提案し（3.3）その意義をこの本で世に問おうとしている。

大村モデルの 8 つのキーワード

前節では、世の中のすべての事物（コト・モノ）は 8 つのキーワードを用いた「一般世界システム大村モデル」で説明できると言った。このことを理解していただくために、この節から 8 つのキーワードごとに逐次、節を設けキーワードの具体的意味と扱い方を説明していく。

まず、最初のキーワードとして「目的」を取り上げるが、目的は、「私」と「世界」を結びつける最初の重要なキーワードになるので、冒頭の**図 1.4-1**（p.11）を用いて、両者の関係について触れておく。

「私」と「世界」の関係は相互関係である。「私」は、生きる限り「世界（世の中）」との関係なしには存在していられない。その「私」と「世界」の関係は、図に示すように 2 組の行き来する 4 本のパスと、「世界」から「私」に求められる 1 本の役割分担の合計 5 本のパスに単純化できる。

最初の一組は、「私」の心に端を発する「世界」に向けられる「目的」または「関心」のパスであり、目的、関心に合ったものとして「世界」に「知覚」されると帰ってくるパスである。ほかの一組のパスは、知覚された一部

を手に入れるべく「世界」、世の中に具体的に働きかける「言動」と、その結果、「世界」から獲得できるきる目的、関心に合った機能を備え持った事物（システム）のパスである。

5本目の「世界」から「私」に向かうパスは、社会の一員として果たすべき「世界」からの要求である。

システムの目的

この章では、「一般世界システム大村モデル」の定義に使った8つのキーワードごとに節を用意しながら世の中で起きる諸問題の解決の方法を論じていく。

「私」たちは、生きている限り周囲（世界）との関わりを持っている。関わりは、最初のぼんやりとした「関心」から始まり、かなり強い明確な目的意識を持ったものまである。強い意識も、一過性のものから、重要な問題の解決のために、腰を据えてしっかり計画を立てることから始める場合まである。

関わりが、多少なりとも意識されているものであれば、その関わりは「～のために」という「目的」を持つ。何のためかというと、意識の程度はともあれ、快さを求めて欲望を充たしたいがためである。そして、漠然とした欲望、要求がひとたび意識的に明確な「目的」として定められると、行動はぼんやりした欲望から切り離され、具体的なシステムの「目的」として達成すべき事項になる。

目的・手段連鎖 [37)

世の中をややこしくしている原因の一つに、問題解決に当たりシステム（事物）をどのレベルで捉え対象化するかという問題がある。

私たちは、日ごろの生活の中で、目的を持ち、それを成し遂げるために手段を考え、具体化すべく行動している。ところが、当面の行動において目的だと思っていることも、より大きな目的を遂げるための一つの手段にすぎないと気がつくことがよくある。

私たちの周りにある人工システムは、すべてが階層構造を持っている。そ

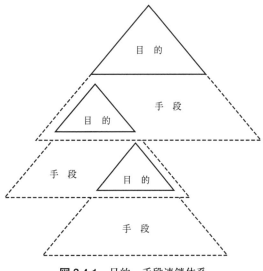

図 3.4-1　目的・手段連鎖体系

の任意の階層レベル間では、着目したいかなるシステムの目的も上位システム（スーパーシステム）の一つの手段であり、かつその手段はいくつかある下位システム（サブシステム）の目的になっている。

　このように、階層構造を持ったシステム体系の中で、相対的な関連を持つ目的—手段が集まってできている一つの連鎖体系のことを「目的と手段の連鎖体系」と呼んでいる（図3.4-1）。この階層化の概念は、複雑で大きなシステムをシンプルに捉える視点として大切なことである。

3.4.2　目的設定上の諸問題

問題の解決を可能にするための目的設定

　問題が個人のことであれ、大勢が関わることであれそれを解決する手段として、新しい仕組み（システム）をつくる場合や、既存のものを手直しするときに、手に入れようとするシステムの目的設定を誤れば、その後のどんな問題解決の努力も無駄なものになってしまう。目的の設定を誤ると、問題解決どころか、逆に問題を一層深刻なものにしかねない。

設定した目的を達成することで、本当に問題の解決になっているか否か、細心の注意を払って吟味しなければならない。「目的意識を持って行動せよ」とよく言われているが、それ以前にまず正しい目的を設定することが肝要である。

実際、既存のシステムで生じている問題の多くは、システムを計画した際の目的設定が適切でなかったか、当初は適切であってもその後の情勢の変化で、それを目指すことに意味がなくなってしまっている場合である。新しい会社をつくったり、新しい分野に進出したりしてもすぐに立ち行かなくなり、撤退を余儀なくされるのは前者の例である。また、伝統ある会社が衰退したり、昨今の目まぐるしく変化する情報化社会にあって迅速な意思決定ができず立ち後れるのは後者の例である。

機能的な目的の設定

システムの目的の設定に当たって、まず注意すべきは、柔軟性を持つ機能的なものでなければならないことである。多くの場合、欲しいシステムは、システムそのものでなく、システムがもたらす機能である。

目的を広義に捉えて、次ぎの3種類に分ける考え方がある（**図3.4-2**）。例として、文具の生産を取り上げながら説明する。

1) 製品のような「特定的」なもの：たとえば、鉛筆・ボールペン・タイプライター・ワープロといった具体的な生産品目のような、システムが生みだすもの。

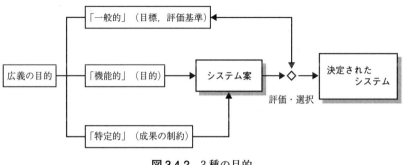

図 3.4-2　3 種の目的

83

2)「働き」または「機能的」なもの：たとえば、情報を記録・処理する道具を生産する。

3) どんなシステムにも共通に認められる「一般的」なもの：たとえば、経済性・安全性・無公害性などを目指す。

　文具を生産しようとしているシステムの目的を、「鉛筆の生産」というように「特定的」なものにしてしまえば、そこからは鉛筆以外の製品は生まれない。また、目的が経済性や安全性のような「一般的」なものでは、あらゆる財・サービスが対象になり、答えが不定になってしまい、具体的なものを指向できない。しかし、「情報を記録・処理する道具を生産するというように機能的なものをシステムの目的に設定する」と、そこからは市場が求める鉛筆・ボールペン・タイプライターさらには音声入力機能を備えたワープロや通信機能を備えたパソコンなどハイテク商品が考えられるようになる。

　このように、3種類の目的の中で、与えられている問題をより効果的に解決するために設定すべきシステムの目的は、「特定的」な狭いものではなく、また「一般的」なもののように広すぎもしない適度の広さを持った、自由度のある「機能的」なものでなければならない。いきなり「ワープロをいくら以下のコストでつくれ」と「特定的」「一般的」な目的を与える前に、一度は「情報を記録・処理する働きを持つものをつくれ」と抽象的「機能的」な目的を設定すべきである。

高所からの問題の把握　　問題の解決を図るためには、問題が起きていると思われるより一回り上のシステムレベルから考えることを薦める。問題解決において、問題をどのレベルで捉えるかによって結果が全く違ったものになる。問題を捉える視座を少し高く持っていくことによって、抜本的な問題解決が可能になる。

3.4.3 「目標」の設定 [50)]

目的と目標の違い

　目的の類似語として「目標」がしばしば使われる。「目標」は、目的を達

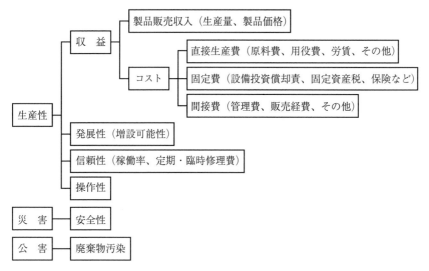

図 3.4-3 プラントシステムの評価基準

成するために設けられた数値であるが「目的」との間に厳密な使い分けはな
い。しかし、どちらかというと「目的」は抽象的、質的なものに、「目標」
は具体的、量的なものに対して使われる。前節で広義の「目的」として 3 つ
の種類をあげたうちの「機能的」なものは、抽象的、質的であり、「目的」
と言える。一方、経済性や安全性などの「一般的」なものは、具体的、量的
であり「目標」と考えられる。

「目的」、「目標」ともに、システムが達成すべきものである。「目標」は、
「目的」をより具体化したものであり、掲げた個々の目標が達成できたなら
全体として「目的」が達成できたとみなしうる関係にある。

3.5 システムの「構成要素」とその「階層性」

3.5.1 要素は欲望や関心が「世界」から切り取った 「世界」の一部分

　ここでは、システムの定義でいう『「階層構造」を持った多数の「構成要素」が有機的な「秩序関係」を保ち・・・一つの「目的」に向かって「機能」するよう・・・』の「構成要素」とその「階層構造」の2つのキーワードについて論じていく。

　すでに、第2章の欲望論、認識論のところで論じたように、私たちに見え現れている世の中（「世界」）は、それ自体として存在しているのでなく、私たちの欲望や関心に基づいて、私たちの意識（心）の中に、つくりあげた世界像である。事物を認識するとは、「私」のある個別の具体的な必要や要請によって、イメージされた世界像または、目の前の世界から現実を「切り取る」ことである。芸術や創作（計画）段階の世界は、脳の中に創り上げた仮の世界像である。

　私たちに「モノ」がはっきり見えるのは、「私」たちがあるものに注意を向け目がその対象に焦点を合わせるからである。もし一切の対象が一斉に視覚に入ってくるとしたら、私たちは何も見ることができない。

　「コト」についても同様なことが言える。「私」たちにこと（事態）がはっきり見え、把握できるのは、世界の中から問題になっている部分に注意を向け焦点を合わせ、そこを「切り取る」からである。「私」たちは、予期しなかったことが突然起き、パニック状態になることがしばしばあるが、そのとき「頭の中が真っ白になった」という。これは、気が動転していて問題の部分を「切り取る」、すなわち認識することができなくなって、なにも見えなくなっている状態である。

　認識すること、すなわち見ること、把握することは、余計なものを切り捨てることである。認識の本質は、いわば、「制約」し「限定」しながら世界

から要素を取り出すことである。

　世界は、私たちには大きく複雑なものとして存在しているが、その世界は、必要や要素によっていろいろなレベル、範囲で限定的に切り取られ、要素として認識される。そして、切り取られた要素もなお複雑のものとして存在するのが一般的だが、これをより一層確かなものとして認識するためには、要素をさらに小さな要素に分けて見る階層的な扱いが不可欠である。

　このように、システムの定義でいう「要素」の本質は、私たちの欲望や関心が、それを充たし、応えてくれる対象として世界から切り取ったさまざまなレベルの世界の部分であるということである。ここで展開しているシステム論では、欲望や関心に基づいて最初に切り取られた世界の部分をシステムと呼び、それをさらに小さな部分に分けたものをシステムを構成する「要素」、サブシステムと呼んでいく。

　次項では、システムを構成する「要素」の「階層」構造、階層性の問題を取り上げていく。

3.5.2　複雑で大きなシステムの場合、階層化がシステムを理解、把握する唯一の方法

身近に見るシステム構成資源の階層性

　宛名だけで住所がなかったら郵便屋さんはどうするだろう。行政上、都道府県・市町村といった地方自治がなく国の中央機関だけで住民の諸問題をすべて処理しようとしたらどうなるだろう。大きな化学プラントでは何十万本ものボルトが使われているが、このうち一本が欠落しても大事故のもとになり、建設責任者が責任を問われることになる。だからといって、一人の責任者がすべてのボルトを点検していたらどうなるだろう。郵便は配達できないし、国の機関はごった返して収拾がつかない。また、プラントはいつまでたっても完成することはない。

　これらは、どれも、システムを構成するたくさんの要素を効率よく扱うにはどうしたらよいかという問題である。この問題を解決してくれているのが、これから説明するシステム構成資源の階層的体系化という考え方である。

　ここで取り上げる、システムの階層性は、複雑で大きなシステムを理解したり、構築するうえで、さらにはシステムの特性やシステムの維持、成長を論じるうえで重要な概念である。これらのことを説明する前に、まず身近な集合名詞で呼ばれるシステム（事物）の階層例をいくつか上げる。

　日常生活で最も係わりがある顕著な階層の例として、この項の最初に取り上げた、手紙の住所や役所の書類に必ず書く、次のような行政単位に基づく住所がある。

国－都道府県－郡市－町村－番地－世帯－世帯員

また、企業や役所の組織にも階層性をみることができる。

業界－企業－事業本部－部－課－係

さらに書物は、情報システムの一種と考えられるが、これも同様に、

章－節－パラグラフ－文章－単語―文字

と階層をなしている。

　また身近では高分子化合物が多く使われているがその高分子の階層は、

高分子－分子－原子－核子－基本粒子－クォーク

となる。なおシステムの階層は、一般的には次のようになる。

上位（スーパー）システム－システム－下位（サブ）システム
－サブ・サブシステム

表3.5-1 にいろいろなシステムの階層例を示した。

　このように、ある事物（システム）に着目すると、それは必ずさらに小さな単位の事物で構成されていることがわかる。同時に、同レベルのほかの事

表3.5-1　いろいろなシステムの階層例

システム体系	〔家屋〕	〔物資〕	〔行政単位〕	〔企業〕	〔計画〕
	屋敷		国		
	家屋	高分子	都道府県	社会	
上位システム	家具	分子	郡市	業界	企画
システム	椅子	原子	町村	企業	基本計画
下位システム	ひじ掛椅子	核子	番地	事業本部	基本設計
	ひじ掛け	基本粒子	世帯	部	詳細設計
		クォーク	世帯員	課	

物とともに集まって、より大きな単位の事物を構成していることもわかる。このような事物の「関係の集合」のことをシステムの階層性と呼んでいる。

　事物は、それに着目する人の意図によって、いろいろな階層レベルで捉えることができる。着目した事物をシステムといい、それを挟んで、上を上位（スーパー）システム、下を下位（サブ）システムと呼んでいる。また、サブシステムはさらに下位のシステムに分解できるが、それをサブ・サブシステムと呼んでいる。

　下位システムは、システムを全体とした場合、部分と呼ばれるほか、構成要素または単に要素、さらにはコンポーネント、エレメントなどとも呼ばれる。

3.5.3　階層化の理論

システムが階層的に見えるわけ

　私たちは、世の中の事物（システム）を認識し、把握するときは、必ず構成要素を階層的に捉えている。階層的に捉える以外、事物を認識し、把握する方法がない。

　私たちが、あるものごとを認識できるのは、何らかの必要や要請すなわち関心を持って、そこに焦点を合わせ、周りからそれを切り取り、余計なものを捨てるからである。

　そして、さらにより細かく認識したいときには、選び取った部分をさらに小さな部分に限定して注意を向け、焦点を合わせ、切り取っていく。全体を細かく認識するためには、これを繰り返すことで行う。結果として、切り取った部分（要素）の階層的体系ができあがる。

　この認識の方法は、科学そのものである。科学の基本は、すでに科学の細分化、専門化のところで説明したように、ある特定な事象全体を必要なところまで小さな部分に分けることと、部分間の関係を明らかにすることによって対象を徹底的に知ることである。

階層化のルール

　人間の都合、欲望がシステムを切り取らせるといっても、全くでたらめに切り取っているのではない。世の中からシステムを切り取る場合も、さらにシステムを部分（下位システム）に切り取る場合でも、切り取り方に一定のルールがある。

　このルールに従った切り取り方でないとシステムは明確に階層性を持って認識できない。特に、複雑で大きなシステムは、このルールに従って階層的に捉える以外、把握のしようがない。

階層化の視点　その1　切り取る際の集合名詞の次元（ジメンジョン）の一貫性

　最初のルールは、対象ごとに各階層を通して一貫して同じ事柄、性質、考え方に着目して切り取ることである。階層の例に取り上げた高分子は物質に、書物は情報に、住所は行政単位に、企業は部門の役割に一貫して着目している。すなわち対象ごとに同じ次元に着目して切り取っている。社会システムは、人の役割、行動に、道具・機械システムは機械やパーツに、情報システムは情報の関連のものごとに統一された次元に一貫していないと、一つの階層構造を持って対象を捉えることができない。また、システムを切り取る次元が異なれば、別の階層体系ができあがる。

階層化の視点　その2　システムの準分解可能性

　2つ目のルールは、切り取る境界に関するものである。サイモンは、このルールを次項に示すシステムの準分解可能性という考え方で説明している。

　次の準分解可能性に関する項は、一般システム論としては面白いが、内容はかなりややこしいので読み飛ばして結構である。

　システムを階層性に着目して把握したり、階層構造を持たせながら人工システムをつくったりすることは、視点は多少違うが、すでにさまざまな分野で、論じられ、取り入れられている。この本では、これらを階層化の視点として、関連のあるところでいくつか取り上げていくが、どれも階層性を理

解し、応用していくうえで有用な視点である。

それらのうちで、ここで取り上げる、システムの準分解可能性は、システムに階層性が認められる理由を、最も理論的に取り上げたものである。

有機化合物の場合、それを構成する分子間の力より分子内の原子間に働く力のほうが強く、その原子間の力よりも原子を構成する核子間の力のほうがさらに強い。そのために、有機化合物の中に分子が捉えられ、分子の中に原子が捉えられ、原子の中に核子が捉えられる。結局、全体として、有機物、分子、原子、核子が階層性を持って捉えられる。

企業の組織でも同じことが言える。すなわち、一般に、異なる部門間の相互作用に比べて、同じ部門内で働く従業員間の相互作用は強い。もし、異なる部門間の2人の相互作用のほうが強ければ、上位組織からみて2つの部門の境界があいまいになり、階層性が不明確になってしまう。また、実際の組織でそのようなことがあれば、組織の運営上、混乱をきたす。

これと同じようなことは、気体とそれを構成する分子の間にも言える。すなわち、分子をつくっている原子間の力に比べれば、分子間に働く力は小さい。

この分子間に働く力は、希薄な気体ではほとんど無視できるが、圧縮されたり、冷やされたりして気体が濃くなるにつれて少しずつ大きくなり、やがて無視できなくなる（ファン・デル・ワールスの状態方程式）。

分解可能または準分解可能システム　サイモンは、このことを次のような分解可能または準分解可能システムという概念を導入し、複雑なシステムが持つさまざまなふるまいを説明している。すなわち、希薄な気体システムのように、個々の分子が互いほかから独立したものとみなすことができるシステムを、個々の分子から成るいくつかの下位システムに「分解可能システム」と言った。これに対し気体が密になるにつれて分子間の相互作用は無視できなくなるが、それでも個々の分子は独立したものとみなされるシステムを「準分解可能システム」と呼んだ。

複雑なシステムは、準分解可能性を持っているから独立しているとみなせる部分が生じ、サブシステムとして分割できるようになる。このことが、システムレベル間で繰り返されるので幾重もの階層が生まれる。

準分解可能性システムモデル

　このことをモデルを使って一般的に説明すると次のようになる。図 3.5-1 の左側は、システム S が、3つのサブシステム A、B、C、さらにはそれぞれがいくつかのサブシステム、たとえばサブシステム A では3つのサブシステム a_1、a_2、a_3 から成り立っており、全体として階層的になっていることを表している。

　また、右側の三角形は、この階層をツリー構造で示したものである。この本では、しばしば階層を表現する場合、このような三角形を用いる。

　このシステム S においてサブシステム A－B 間の相互作用とサブ・サブシステム a_1－a_2 間の相互作用は区別することができ、その相互作用は、サブシステム A－B の間より、サブシステムの内部、つまりサブ・サブシステム間 a_1－a_2 のほうが強い。それは、異なるサブシステム A、B 内のサブ・サブシステム間 a_1－b_2 の相互作用は弱く、同じサブシステム A 内のサブ・サブシステム間 a_1－a_2 の相互作用はそれより強いからであり、サブシステム A－B 間の作用は集合的に作用するだけであるからである。

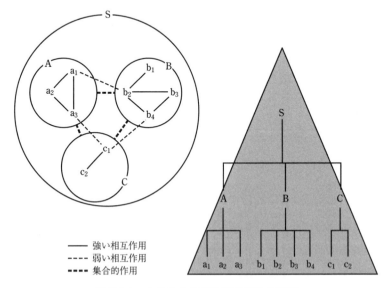

図 3.5-1　システムの準分解可能性と階層

　サブシステムが、互いにサブシステム間を超えて強く作用するようでは、サブシステム間には境界がなくなり、サブシステムなるものを見分けることができないし、階層性も見えてこない。人工システムでこのようなことが起これば、サブシステムのつくり方か運用の仕方に問題があると考えられる。

　システムが階層を持つことについて、サイモンは「世界が階層的であるがゆえに理解できるのか、あるいは、階層的でない側面はわれわれの理解から逃げてしまうがゆえに世界が階層的に見えるのか」といっている。僕は、どちらかというと後者だと思う。前にも言ったように、認識するとは、ある意図を持って世界を切り取ることであり、さらによく認識するとは、いったん切り取ったものを、さらに細かく切り取っていくことである。階層的、すなわち準分解可能的に捉える以外、複雑な世の中を認識し、理解することができない。

3.5.4　システムが階層的であることの意義 [41)

階層化による大きく複雑なシステムの記述

　システムにおける目的・手段連鎖、および準分割可能性といった概念に注目しつつ、システムを構成する要素を階層化して捉えることによって、システム全体の構造を明らかにするとともに、各要素の位置づけを明確にすることができる。

　そして、ある任意のレベルの要素は、それに属している下位のレベルの要素名によって説明され、記述されていると考えることができる。より詳しい記述は、階層を重ねていくことによってできる。

　このようにシステムの階層化によってシステムを記述するという概念は、大きくて複雑なシステムを扱う場合、極めて重要なことである。後で取り上げる、プロジェクト・システムにおいて使う、全プロジェクト作業を体系化したWBS（ワーク・ブレークダウン・ストラクチャー）の利用は、巨大なプロジェクトを運営、管理するうえで重要、不可欠な手法である。

　この本で展開する一般システム論の狙いの一つは、複雑な世の中をシンプルに捉える方法を提起することであるが、システムの階層性はそのバックボーンとして最も重要な概念ある。

準分解可能システムにおける構成要素のふるまい

　サイモンは、社会的システムや生物的システムには物理的システムなどの複雑なシステムは、そのほとんどが階層構造を備えた準分解可能システムではあり、そこでのふるまいを次のように説明している。

1) 準分解可能システムでは、構成要素である各下位システムの短期的な行動は、ほかの構成要素の短期的な行動からほぼ独立している。

2) 長期的には、いかなる構成要素の行動も、ほかの構成要素の行動にただ集合的に依存するようにすぎない。

　企業や官庁の組織は、もちろん階層構造を持った準分解可能システムである。よく組織化された企業システムでは、その構成要素である各事業本部（下位システム）の日常的な活動は、ほかの事業本部の日常的な活動からほぼ独立して役割を分担している。そして、長期的に見ると日常的に多少のやりとりはあるものの、どの事業本部の活動も本部のトップ同士、たとえば本部長会議などを介して集合的な相互作用を持つにすぎない。もし、日常的に事業本部間の調整のためのやりとりが頻繁に起きるようでは、組織の役割分担の仕方がまずかったり運営に誤りがあると考えられる。

階層とシステムの維持・運営・成長

　システムの階層性は、いま見てきたように、複雑で大きなシステムを把握したりつくりあげるうえで有用であるだけでなく、生物的システムや人工システムにおいて、それを維持、運営するうえでも、またシステムの成長にとっても大切な性質である。それゆえに、問題解決やそのためにシステムを計画する場合も、準分割可能性を持った要素の階層的な構造化に注意を払うことが重要になる。

　システムが成長し大きくなるとき、階層化が進む現象が表れる。その例を、会社の規模と組織の構成、階層化に見ることができる。

　数人の小さな会社では、それぞれの役割分担はあるものの、すべて社長を中心としたマン・ツー・マンのコミュニケーションで十分であり、階層的な組織は必要ない。

　しかし、会社の規模が大きくなり社員も数十人くらいになると仕事量が増

え飛び交う情報も多くなり、すべてがマン・ツー・マンのコミュニケーションでは、収拾がつかなくなることは目に見えている。そこで、社員を3つぐらいのグループに分け、グループ長を任命し組織と仕事の管理を任せることになり、社長－グループ長－グループ構成員といった3つのレベル位の階層化を進めることになる。

さらに大きくなり百人単位の会社になると、機能を分解し、組織を部課制を敷いた4レベル以上の階層化が必要になる。

階層化が進む理由　このように、システムが成長するとき階層化が進む理由については、次のような考察がある。

1) 階層システムでは、上述の準分解可能性に基づいて分割されたサブシステムは、「安定した中間形態」として独立を保ちながらその役割分担ができる。

2) システムの目的に向けて機能するために必要な情報伝達が、階層化によって関連のある上位－下位のみで足りることから効率がよくなる。

3) 環境の変化に対応して、全体のシステムに大きな影響を与えることなく、一部のサブシステムの新設、切り捨て、あるいは改造によってダイナミックに対応しつつ、その目的を達成することが可能になる。

サイモンは、複雑な生物的システムの急速な進化も「安定した中間形態」の存在によって初めて説明が可能になるといっている。

これまで見てきたような理由によって、システムは階層化しながら成長する。また、階層があるゆえに複雑なシステムも効率的な維持・運営が可能になる。

たとえば、最近では、自動車のドアの外部が傷つけば、手間をかけて板金したり塗装することなく、「安定した中間形態」としてアッセンブリ化されているドアごと取り替えられる。また、企業のリストラクチャリングにおいて、ある部門ごと売却できるのも、企業の組織が「準分割可能システム」になっており、一つの「安定した中間形態」になっている場合である。

問題を解決したり、各種の人工システムを計画する場合には、システムに「準分解可能性」を持ち、「安定した中間形態」となりうるようなサブシステムを用意しながら、階層的構造化を進めることが重要である。

コラム 新奇性—異質な集まりほど面白い

　複数のサブシステムをもとに新たなシステムが合成されるとき、元の個々のサブシステムの特性に比べて相対的に目新しいシステムの特性が生まれます。システム論では、この性質のことを新奇性と呼んでいます。新奇とは陳腐でなく新しいことです。

　複数のサブシステムが関係づけられ統合され、新しいシステムが生まれるとき、サブシステムが持っている機能や能力の算術的総和以上のものが得られることはよく知られています。たとえば、二人が何らかの関係を持って寄り添ったときに、恋人なり夫婦なりの最小単位の社会システムが生まれ、寄り添う以前にそれぞれが持っていた特性の単なる和よりすばらしい特性システム、すなわち家庭が生まれます。

　新奇性は同質のもの同士が寄り集まるより、異質のものが寄り集まったほうがより強く現れます。漫才でボケと突っ込みのやり取りが面白いのも、まさにこの新奇性によるものです。異質な二人のやり取りだからこそ面白い。

　会社などで、何人かが集まって問題を解決したり、新しい道を探る場合、最初から同じような発想や価値観を持った人が集まって議論し、早々と意見が一致するようでは陳腐な結論しか得られません。これに対し、立場、分野、経歴、年齢が違ったり、ときにはかなり個性の違う人を交えて議論するほうが、ユニークで面白い、すなわち新奇な方法なり方向を見出すことができます。また、M＆Aや合併をする場合、相手が異業種であるほど、あるいは同業種なら体質や商品、商圏が異なるほど新奇性が期待できます。

3.5.5　問題解決における構成要素の選定と階層化

構成要素のシステマチックな選定

　この本のテーマは、「私」たちがこの「世界」で生きていくうえで遭遇する諸問題をどう解決していったらよいかを示すことである。そして、この章では、そのために、新たにシステムを構築したり、追加、修正したりする場合に構成要素をどう選び、それらをどう階層化していったらよいかを論じている。

　なお、問題を解決するためのシステムの構築、すなわちシステムの計画を単に「計画」と呼び、その行動を「計画システム」と呼ぶ。その計画システムは、社会システムに含まれる行動システムの一種であり、ほかのシステムと同じようにシステムの定義でいうような特徴を備えている。

　目的にかなった人工システムをつくるには、当然のことながら、まず適切な要素を選ぶことが不可欠である。そのためにはいくつかの工夫が必要である。

　その一つは、大きくて複雑なシステムを単純化して扱うことを可能にする階層的アプローチであり、ほかの一つは、選択の余地を広げ、柔軟性を持ちながらよりよいシステムの構築を可能にする機能優先のアプローチである。

計画・設計の階層的アプローチ

　計画に当たっての第一の工夫は、階層的アプローチを採用することである。階層的アプローチは、対象が大きく複雑なシステムであっても、目的を見失うことなく、また大勢の関係者が混乱なく作業を分担し、終始全体を見渡しながら手際よく計画を進めるうえで大切なことである。

　階層的アプローチでは、計画システムの階層性に沿って全体から部分へ、基本から詳細へ進む。すなわち、対象システムの目的の設定を出発点とし、目的・手段連鎖の中で対象システムの要素を階層性を持たせながら選び、それらに秩序関係を与えていくというアプローチをとることによって、計画作業そのものが階層化されることになる。

計画・設計の機能優先アプローチ

　よいシステムを効率よくつくるための第二の工夫は、機能優先の考え方を取り入れることである。

　システムの目的設定を論じたところで、目的は、システムを多くの可能性を持つ柔軟なものにするために、機能的なものでなければならない、と言った。この考え方は、要素（サブシステム）を選ぶ場合にも同じことが言える。

　すなわち、要素を選定する場合、いきなりシステムの目的を達成するための具体的な手段（要素）を考えなくてはいけない。まず、目的を達成できる機能的要素を考える。システムの目的が「何が充たされることによって」または「どんな機能によって」達成できるかを考え、その後で、それが「いかになすことによって」または「どんなモノによって」実現できるか具体的な要素を考える。

　この機能優先の考え方を、対象システムの要素の階層性に先行（優先）して進めると、システムの機能にも階層的体系ができあがる。

　この機能の体系は、システムの各レベルの要素の目的の階層的体系でもある。そして、当然のことながら、対象システムの機能体系と具体的体系とは重なったものになる。さらには、対象システムのこの両体系は、計画システムの階層的体系と重なり、全体として**図 3.5-2** に示すように三重の階層的体系となる。

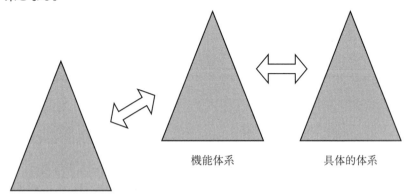

機能体系　　　　　　　具体的体系

計画システム

図 3.5-2　計画の階層的および機能優先アプローチ

この機能優先の考え方は、日常生活の中で出会うさまざまな問題を解決する場合にも有用である。問題解決に向けて直接行動するのではなく、まずどういう状況が充たされたとき、またはどういう状態になったとき、初めて解決できるのか考え、その後で状況、状態をつくり出すべく、具体的に行動する。つくり出すべき状況、状態こそ機能にほかならない。

3.5.6　人工システムを構成する6つの基本機能

人工システムには、必ずインプットとアウトプットがあり、システムには、インプットをより価値の高いアウトプットに変換する機能が備わっている。すなわち、人工システムは、すべて価値の変換装置である。

工業や農場における生産システムは、原料やエネルギー、労働力、技術、資金などの資源をインプットして、製品や産物など価値の高められた資源をアウトプットする。一方、金融、医療、行政なその各種サービスシステムは、労働力やエネルギー、ノウハウ、資金をインプット資源として取り込み、高い価値に変換した各種サービスをアウトプット資源として提供している。一方　情報システムでは、インプット情報を整理、変換して有用なアウトプット情報を提供している。

価値変換システムとしての人工システムは、システムによってそれぞれの大きさや重要さの違いはあっても、必ず**図3.5-3**に示すような6つの基本機能から成り立っている。そして、いずれの基本機能もさらに同じこれらの6つの基本機能を備え持つ要素、サブシステムから成り立っている。このことが繰り返されて、結果として複雑で大きなシステムができあがっていく。

このような機能の捉え方は、要素の選択に当たり機能優先アプローチをする場合、一つの手掛かりになる。6つの機能とは、おおむね次のようなものである。

1) 変換機能

まず、システムの中核になる基本機能として変換機能がある。システムが目的を達成するのに直接かかわり、システムを特徴づける機能である。

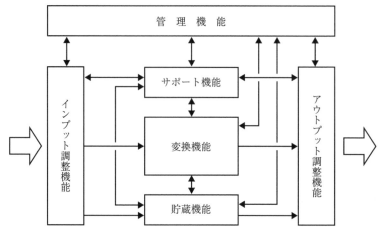

図 3.5-3　システムを構成する 6 つの基本機能

2) インプット調整機能

　インプットされる資源は、直接変換機能に送り込まれることなく、変換しやすいようにインプット調整機能によって整えられたのちに送り込まれる。

3) アウトプット調整機能

　アウトプットとして不十分であったり、不必要なものを含む変換され出てくる資源をシステムからアウトプットする前に、有用資源に調整したり不必要なものを始末する機能が必要である。

4) 貯蔵機能

　インプット資源を変換機能に安定的に供給したり、アウトプット資源を外部の要求に合わせて送り出すために、さらにはほかの基本機能がスムーズに働くためにシステム内にある程度の資源を蓄える機能が必要である。

5) サポート機能

　変換をはじめとするほかの機能が円滑に働くためには、それぞれの機能を裏から支えるサポート機能が必要である。

6) 管理機能

　最後に、変換装置全体がさまざまな制約の中で、秩序関係を維持しながら目的を達成できるようにするために管理機能が必要である。

3.5.7　45年間同じものが使い続けられているエンジアリング会社のWBS（仕事体系）

プロジェクトとプロジェクト・マネジメント

　社会（システム）の中で人間が中心になって営まれているさまざまな活動は、すべて目的を持ったシステムであり、システムの定義でいう特徴を備えている。ここでは、この目的を持つ活動を「行動（作業）システム」と呼び、その典型である人の行動が中心になるプロジェクト活動を例に取り上げながら行動システムの要素体系について論じていく。

　行動システムは、当然のことながら、人間の行動が中心になる。したがってプロジェクト・システムの構成要素は、プロジェクトに携わる人たちの行動すなわち作業である。ここで取り上げるWBS（Work Breakdown Structure、作業分割構造）は、作業要素を階層的に体系化して捉え、複雑で大きなプロジェクトを効率よく確実に遂行するうえで極めて有効な概念である。

　WBSについて論じる前に、それが使われるプロジェクトとそのマネジメントについて説明しておく。エンジニアリングとか、プロジェクトとか、さらにはそれらのマネジメントという概念は、社会に身を置くものなら必ず何らかの関係があり、役立つ概念である。

エンジニアリング会社が取り組むプロジェクト

　強い決意を持ってある種の新しい目的を達成しようとする場合、プロジェクトと呼ばれる専任組織を組むことが一般的になっている。大規模な小売店や銀行などの新たな出店計画、IT関連の大規模システム計画、メーカーの新製品計画、新工場の建設計画、さらには行政が推進する地域活性化計画などを進めるとき、多くの場合、通常の業務遂行組織から独立した特別の組織

がつくられ、計画が遂行される。この組織は、プロジェクト・チームと呼ばれている。

プロジェクトという考え方は、第二次世界大戦前後に生まれた。特に、アメリカにおける戦略物資プラント建設、ポラリス・ミサイル計画のような戦略兵器計画、アポロ計画やスペースシャトル計画のような宇宙開発などを進める過程で定着してきた。

このような軍事上の開発での成功に刺激されて、民間においても建設関係の仕事にも盛んに使われるようになった。特に、大規模な化学工場やエネルギー産業施設の建設を請け負うエンジニアリング会社では、プロジェクト・マネジメントという洗練された管理手法が導入され、日常的に使われている。

プロジェクトは、次のように定義されている。すなわち、プロジェクトとは、「種々の技術や資源を必要とし、一定の時間制限の中で、目標を持った一回限りの大がかりな企て」であると。

プロジェクトの目標とは、プロジェクト遂行によって得られる成果物の「品質」、プロジェクトに投下される「資金（コスト）」、およびプロジェクトを完了するまでの「期間」の3つのことである。

プロジェクトは、人がその中心にいる行動システムの一種である。同じ行動システムでも、プロジェクトは、目標を達成すればその一回限りで終わってしまう点で、目標はあるものの短期間で終わらせることなく毎日繰り返される日常的な仕事と区別されている。

プロジェクト・マネジメント

古い話だが、東西冷戦のさなか、アメリカは宇宙開発で、初めのころは人工衛星スプートニク1号の打ち上げに成功したソ連に遅れをとってしまった。弾道ミサイルの開発は、一国の軍事的使命を担う最も重要な開発だった。そこでアメリカは、ソ連とのミサイル・ギャップを埋めるべくポラリス・ミサイルの開発を目指してプロジェクトを発足させ、かつてない努力と英知を結集させた。

膨大な資源をつぎ込みながら、この困難な目標を時間どおりに完成させるために、科学的、合理的なプロジェクト・マネジメントを遂行する必要に

迫られた。その際に生まれたのが、後ほど説明するPERTと呼ばれるスケジュール管理手法である。アメリカは、この手法とその改良によって、ポラリス開発計画に成功し、その後のアポロ月世界有人飛行計画の成功によって、ミサイル・ギャップを埋め、さらに近代的な戦略、戦術兵器の開発に優位に立っていった。

　プロジェクトおよびそのマネジメント手法は、軍事上の開発での成功に刺激され、民間においても多く使われるようになり今日に至っている。

　プロジェクトは、大きなものになると、さまざまな専門、多様な資源を必要とする。たとえば出店プロジェクトでは、仕入れ、営業、販売、流通、広報、経理、財務といった日常的な技術、ノウハウのほかにマーケティングや立地の確保、施設の建設といった各種専門技術が必要になる。

　化学プラントの建設プロジェクトでは、化学、化学工学、機械工学、計装および制御工学、電気工学、土木および建築工学、材料工学などの各種専門工学技術、およびコストやスケジュール管理技術が必要である。

　プロジェクト遂行に当たっては、これらの各種専門技術を有機的に組み合わせ、統合する技術と、プロジェクト全般を統括し運営・管理する技術が必要である。前者をプロジェクト・エンジニアリング、後者をプロジェクト・マネジメントと呼んでいる。

　プロジェクト・マネジメントは、プロジェクトの全過程を通じて、課せられた品質、資金、期間の3つの目標の統合化と最適化を図るとともに、それを実現するためにプロジェクト組織の活動を合理的に計画し、指揮・統括・監視する活動である。

　3つの目標は、互いに相反する性質を持っている。たとえば、品質を追求する資金がかさみ、期間が長くなる傾向にある。また期間を短くしようとすると、品質が犠牲になりがちになり、資金を多く投入しなければならない。そのため、この3つの目標をバランスよく最適化させることは、プロジェクトの大事な仕事になる。

　プロジェクトの遂行組織には、数千億円の資金管理を含めた大きな責任と権限が委譲される。そのため、組織の頂点に立つプロジェクト・マネージャーは資格・資質として経営者と同じものが要求される。プロジェクトお

103

よびプロジェクト・マネジメントの考え方は、大きなプロジェクトだけではなく小さなプロジェクトの運営にも有効である。また、日常の仕事を効率よく進めるうえでもヒントが得られる。

3.5.8 WBS—プロジェクトにおける全作業の階層的体系

いま、この項では、プロジェクトという行動システムにおける構成要素である作業の階層的体系化について述べる。ここでは、化学プラントや土木・建築などの構造物を建設するプロジェクトの作業要素体系の実例を見ていく。

エンジニアリング会社日揮は同じ WBS を改訂することなく 50 年近くすべてのプロジェクトに使っている。そのため 50 年前の過去のデータも有効に活用できている。

プロジェクトの作業要素も、一般的なシステムの要素と同じように階層的に捉え、扱うことができる。また、作業を階層化することの意義、メリットも、すでにシステムの階層性のところで説明したとおりであり、階層化によって膨大な作業を効率よく扱うことが可能になる。

どんな仕事も成功させるためには作業手順が重要になる。特に、大型プロジェクトの成否は、膨大な作業をいかに手順よく進めるかにかかっている。その鍵を握るのが、これからの説明する WBS 技法の適用である。この技法は、小さな行動システムの管理にも有効で便利なものである。

WBS（Work Breakdown Structure）は、プロジェクトの遂行に必要なすべての作業を、前項で説明したような要領で、階層構造を持たせながら体系化したもので、作業分割構造とも呼ばれている。

最近の大型プロジェクトにおいては、計画、管理の枠組みとして WBS が使われている。そこでは、プロジェクトに携わるすべての人たちは、プロジェクト遂行に必要なすべての作業を、WBS によって同一の意味と内容、さらには一定の位置づけを持って認識し、それに基づいてプロジェクト活動を行っている。

WBS こそが、この節の最初に提起した、数千人が携わる大型プロジェクトにおいて動員される大勢の人たちを一つの目的に向かって機能させるとい

う問題を解決できる唯一の方法である。

WBS は、あらゆる種類のプロジェクトに有効であり、その活用は、欧米はもちろん日本でもエンジニアリング会社を中心に活発に行われている。

内外のエンジニアリング会社は、それぞれの活動分野に合わせ、しかも会社で扱うすべてのプロジェクトに使用可能な最大公約数的な標準 WBS を持っている。個々のプロジェクトへの適用に当たっては、若干の追加修正があるものの原則として会社標準の WBS を使うことで十分である。そうすることによって、現在の活動はもちろん、過去の実績をも含めた、個々のプロジェクトを超えたすべての情報のやり取りが可能になる。

プロジェクト部門で働く人たちは、必ずこの WBS で定義されたいずれかの仕事をし、後述のようにコミュニケーションのコードとして WBS コードを使っている。WBS は、徹底してあらゆる作業を顕在化させることに意味がある。中途半端なものでは用をなさない。

なお、WBS の利用は、プロジェクト活動に IT 技術を適用する場合、不可欠である。

|コ|ラ|ム| エンジニアリング会社の標準 WBS の例

膨大な作業の階層的体系化に当たっては、適用するそれぞれの分野の作業体系の本質を見抜き、一貫した思想のもとでシンプルな体系をつくる工夫が必要です。

図 3.5-4 は化学プラント建設プロジェクトの WBS の一部を「容器の詳細設計」に着目しつつ示したものです。大きな化学プラント建設の場合、設計から現場の建設工事まで入れて作業をすべてブレークダウンすると作業数は数千項目にも及びます。例示したものはほんの一部です。

図中の各項目の上に付けられた数字は WBS コードと呼ばれ、各項目の識別番号です。郵便番号や電話番号のエリアコードと同じようなものです。最近の郵便番号は七桁表示になり、都市部では、大型ビル

まで番号で認識できるようになっていますが、これと同じように、WBSコード番号だけで、プロジェクト作業のすべての作業が定義され、識別できます。

　コード番号には、通常、英数字が使われ、分割された作業の一つのレベルごとに一つの英数字があてがわれ、作業項目の階層構造が読み取られるようになっています。上位（左側）のコードが同じ作業項目は、一致

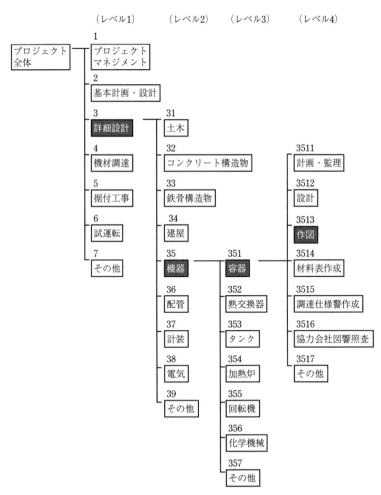

図3.5-4　化学プラント建設プロジェクトのF-WBS（部分）

している範囲で同じ作業項目の下にぶら下がっている作業であると考えます。

たとえば、**図 3.5-4** において、頭に 3 がついているコードはすべての「詳細設計」を意味します。次に、左に 35 が付いているコードはすべての「機器の詳細設計」、また 351 というコードは「（機器の範疇の）容器の詳細設計」という作業を意味します。最後に、3513 は「容器の（詳細設計作業のうちの）作図」を示しています。

個々のプロジェクトの WBS を構築していくうえでの細分化の程度は、プロジェクト規模、WBS の利用目的によって有用なレベルまで行うのが原則です。

プロジェクトの規模が小さいときは、細かなところまで分割する必要はありません。また、一つのプロジェクト内でも、次項で説明するような個々の活用目的によって細分化のレベルが異なっても、さらには末端のレベルの深さが項目によって不揃いでも差支えありません。

図 3.5-4 に示すような WBS は、専門分野の作業、すなわち機能組織分野ごとの作業を中心に構成されることから Functional WBS（F－WBS）と呼ばれています。

これに対して、プロジェクトが大きい場合は、プロジェクトの遂行を容易にする目的で、建設対象物を装置、構造物または設備ごとか、建設エリアを 2、3 のレベルの階層を持たせながら分割することによって、F－WBS とは別に WBS を用意することがあります。これは、Project Control WBS（PC－WBS）と呼んで、F－WBS と同じようにコード番号を用いて、設備やエリアを認識しています。

この 2 つの WBS を、マトリックス的に組み合わせることによって、建設対象物または、建設エリアごとの機能部門の作業を捉えることができます。たとえばガス回収装置の PC－WBS を 21 とすると、コード 21-3513 は「ガス回収装置の容器の作図」を意味するコードになります。

3.5.9 プロジェクトにおける WBS の活用

WBS は IT と結びついて威力を発揮する

　大規模なプロジェクトにおいて、定められたコストとスケジュールを守りながら、所定の品質のものを完成させるためには、いろいろなシステム資源を統合して効率よく投入していかなければならない。

　プロジェクトは、そこに働く人たちの作業が中心になるから、プロジェクトに投入される資源を、この作業を体系化した WBS と結びつけることによって、資源の体系化が自動的にできあがる。

　WBS で定義されたある一つの作業を中心に考えた場合、その作業に投入されるヒト、モノ、カネ、情報、技術、時間などの資源はすべてのものが WBS（コード）と結びつけることができる。この結びつけを、階層的に体系化された作業全体に展開することによって、プロジェクトに関わるすべての資源の階層的体系化が自ずとできあがる。特に、資源が時間やカネのように加算が可能なものは、階層的体系の WBS コードが持つ集計機能を活用することができる。

　これらは、WBS 技法の最大のメリットであり、仕事をスマートに進めるうえで実に便利なものである。

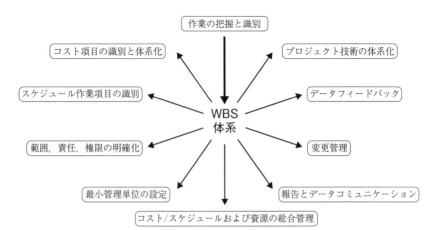

図 3.5-5　WBS 体系の有効活用

　WBS 技法は、プロジェクトのみならず、人の活動が中心にあるすべての
システムに有効であり、特に情報技術（IT）と結びつけて使う場合、その
威力を発揮する。紙数をさいて WBS について触れるのは、読者の皆さんに
有効性を理解していただいて、皆さんの仕事に適用し、仕事の効率化を実現
していただきたいからである。

　以下に、WBS がプロジェクト活動の中で、これらのメリットを生かしな
がら、どのような目的に有効に使われるかを示す（**図 3.5-5**）。詳しくはそれ
が必要になったときに見直していただくとして、ここでは、プロジェクトの
あらゆる活動が、いかに WBS と結びついて取り扱われるかを理解してほし
い。

プロジェクトでの必要作業の把握と識別

　WBS は、これまで説明してきたように、プロジェクトに必要なすべての
作業を明らかにしたものであ。したがって、WBS は、まずプロジェクト活
動における最初の作業である計画段階において、すべての必要な作業を把握、
識別し、それを階層的に整理、記述したものとして使われる。

　以降、これから示すように、あらゆるシステム資源がこの WBS と結びつ
いて扱われる。

コスト項目の識別と体系化

　設計、調達、据付工事などの作業に伴って発生するコストは、WBS 体系
の作業項目（WBS 体系そのもの）をコスト項目に読み替える、別な言い方
をすると、WBS にぶら下げることによって体系化できる。

　たとえば、**図 3.5-4** のような WBS 体系をコスト体系として使えば、「容器
の作図作業」を意味する WBS コード 3513 は、「容器の作図作業のコスト」
の意味を持つ。また、WBS コード 4513 は頭に 3 の代わりに 4 が使われてい
るので容器の作図作業コストでなく容器調達コストの意味を持つ。

　WBS コードには、階層構造を持たせてあるので、コストの見積もりに
WBS を使えば、コスト見積の項目の欠落を防ぐことができるとともに、見
積もりコスト集計のフレームが自動的にできあがる。

スケジューリング用作業項目の識別

スケジューリングの際には、WBS はスケジュール・ネットワークの作業項目になる。WBS のどのレベルを作業項目として使うかによって、大まかなものから詳細なものまで、いろいろなスケジュール表をつくることができる。

範囲、責任、権限の明確化

プロジェクトの計画段階では、すべての WBS の項目がプロジェクトの関係組織、関係者に割り付けられ、責任と権限の所在が明らかにされる。作業項目（WBS）とマトリックスをつくり、その交点で責任と権限を明確にしたものを「責任明確化マトリックス」と呼んでいる。

プロジェクトの目標管理のための最小作業管理単位の設定

プロジェクト、マネジメント、コスト、スケジュールなどプロジェクトの目標を管理するために、どのレベルの作業まで立ち入れるかを WBS を用いて決めまる。

コスト／スケジュールおよび資源（図書、機材、労力）の統合管理

プロジェクト、特に大型プロジェクトにおいてコスト／スケジュールおよび資源（図書、機材、労力）を統一的に管理することが重要である。WBS を通してこれらを結びつけて統合的管理が行えるようになる。仕様書や図面などの図書類の番号の一部に、それを作成した作業の WBS コードを用いることによって、取り扱いが容易になる。また、労力の投入計画および実績値を WBS コードと結びつけることによって、階層化された WBS コードの持つ集計機能を活用して時間数はもちろんのこと労賃の管理も容易になる。

合理的な報告およびデータのコミュニケーション

報告書に WBS コードを明記することによって、その報告書がどの作業に関するものであるかを、容易に識別できる。そのほか、WBS コードを介してあらゆるデータ、情報のやり取りが容易になる。

変更管理への効果的な対応

　プロジェクトの進行中にある程度の変更が発生するのは避けられない。変更がもたらす影響を正しく把握し、適切な対応を怠ると現場とサイドで混乱をきたし、すぐにスケジュールの遅れ、コストアップに結びつく。

　WBS コードは、変更箇所の確認のみならず、変更がもたらす影響の範囲も WBS コードで明確にしておくことによって、変更のフォローが容易になる。

プロジェクト・データのフィードバック

　個々のプロジェクトに、会社として用意された標準 WBS か、それに準じたものを使うことによって、プロジェクト終了後のすべてのプロジェクト・データは、WBS コードを介して共通の意味を持つようになり、実績データとして使いやすいものになる。

　たとえば、プロジェクト・データに 351 というコードが挿入されていれば、それはプロジェクトの違いを超えて、すべてのプロジェクトにおいて「機器の詳細設計」に関するものであることがわかる。

プロジェクト技術の体系化

　データのほか、技術標準、マニュアル、コンピューター・ソフトを体系化したものが必要である。これらを WBS と結びつけることによって、具体的には、それらの管理番号の一部に WBS コードを取り入れることによって、プロジェクトに必要なすべての技術を自動的に体系化できるようになる。

　たとえば、技術体系のコードの中に、3513 があればその技術は、「容器の詳細設計における作図」に関係するものだとすぐわかる。

3.6 システムにおける秩序だった「関係」

3.6.1 ある日の新聞記事から

この章では、一般システムの定義で言う、『「階層構造」を持った多数の「構成要素」が、有機的な「**秩序関係**」を保ち・・・・』の「秩序関係」について論じていく。

いまここに 1989 年 12 月 3 日付の古い朝日新聞の記事がある、地中海マルタ沖の船上での米ソ首脳会議で、ゴルバチョフ最高会議議長が 1968 年の「プラハの春」への軍事介入は誤りであったとの判断を示したことが報じられている。これは、第二次世界大戦後のヤルタ会談に基づく世界の秩序関係が大きく変わろうとしていることを意味する。

一方、同じ新聞で、地球の温暖化現象が環境問題として取り上げられている。これは地球の自然体系の問題であるとともに、環境破壊の原因になって

図 3.6-1　1989 年 12 月 3 日の朝日新聞朝刊より

いる化石燃料に頼っている社会、産業の秩序を組み替えなければならないという問題でもある。これらは、世界規模、地球規模での秩序関係の問題である。

さらに、海外にあってはフィリピンの反乱が制圧されつつあること、国内にあっては消費税の見直しが進んでいることが報じられている。反乱のほうは反乱将兵がフィリピンに新しい秩序を求めて起こしたものであり、消費税のほうは日本の税体系に新しい秩序を導入しようとする動きである。これらは、いずれも、国家レベルの社会、経済秩序に関わる問題である。また、社会欄では、社会秩序の逸脱者による犯罪が取り上げられ、科学欄では生物体の秩序が遺伝子レベルの研究によって解明されつつあることが報道されている。

手元にある今日の新聞を見ていただきたい。この古い新聞記事と同じように、既存のいろいろな秩序関係か、または新たな秩序関係に関する記事でいっぱいのはずである。ウクライナへのロシアの侵攻はまだ続いている。世界の秩序に少なからぬ影響を残すことだろう。

これらの新聞記事が示すように、「私」たちは自然体系の中で、また世界、国家、地域、企業、家庭など、いろいろレベルの社会的、経済的な　秩序の下で暮らしている。視点を変えれば、「私」たちは国際社会、地球環境体系といったマクロなものから、人間の身体の分子生物学的なメカニズムといったミクロなものまで含めたさまざまな秩序関係の中で存在している。

この節で取り上げようとしているのは、このようなさまざまな秩序関係である。

3.6.2　秩序関係の体系―因果関係と時空関係

秩序関係の議論に入る前に、たくさんある秩序を体系的に整理しておく（図3.6-2）。

秩序関係は、まず、因果関係と時空関係で捉えることができる。詳しくは前著[55]で説明しているので関心のある方は、そちらを参照していただきたい。

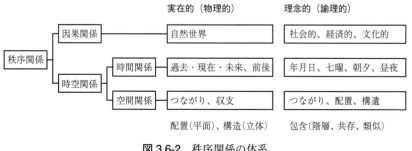

図 3.6-2　秩序関係の体系

因果関係

　欲望を持っている「私」たち人間は、それを充たすべく、いつも世界に感心を向けている、すなわち志向している。そして、知覚によってある対象が捉えられ「これは何だろう」と意識を向けるや否や、対象は欲望と経験の累積（記憶）に照らし、価値を生むという結果をもたらしている「何々に違いない」と対象が意識のうちに構成される。全体を把握しようとする人間の本性、また一方ではより詳しく知ろうとする本性は、結果をもたらしている具体的な対象に注意深く感心を向け、結果は何によってもたらされているか全体を詳細に知ろうとする。「私」たちは、その何かを原因と呼んで、全体を因果関係として捉える。

　因果関係は、物理的な世界にも、理念的、社会的、文化的な世界にも存在していると考えられる。物理的な世界の因果関係は、自然科学が対象にしている世界での関係である。一方、理念的世界は、数学や論理学、社会科学、さらには芸術が対象にしている世界での関係である。

時空関係

　「私」たちは、知覚の背景として、時間と空間という秩序を持っている。この秩序は、物理的な世界で普通にいう3次元の空間に時間を入れた都合4次元の世界秩序のことである。この秩序なしには、現実をつくあげることはできない。「今・ここ」とか「明日・あそこ」とかいう時間位置・空間位置を持つことができなければ、現実世界を構成できない。「私」たちは、3次

元の立体的空間と時間という成分を持たなかった場合、どんな世界も何も見えないし想像することすらできない。普段あまり意識しない、時空関係だが、人間が生きていくうえで決定的な意味を持っている。

　個体を個体として識別できるのも時間と空間という背景を持っているからである。この原理を応用して、犯罪を立証するのに物証とアリバイがある。アリバイは時間位置的にまた空間位置的に犯罪場所以外のところにいたという証明、すなわち現場不在証明だが、事実を消去的に特定する方法である。

　時空関係は、因果関係と同様に、物理的なものだけでなく、理念的、社会的、文化的なものが存在している。たとえば、世界という場合にも地球とか宇宙とかいう物理的なものと、家族からはじまって国際世界に至るまでのさまざまなレベルの社会、経済空間、文化的、宗教的空間などさまざまな世界が存在している。

3.6.3　時間と空間の獲得 [17]、[19]、[30]

　「私」たちは、普通、過去から現在を経て未来へと流れていく一本の直線のような時間が「存在する」と思っている。しかし、実際はそうでなく、記憶とその照合の成立を契機として、心の働きと経験によって構成され獲得されたものであると考えられる。

　客観存在を認めない現象学は、時間、空間のそれ自体の存在も認めず、それらは直接経験によって構成されたものと考える。現象学的な考えに従えば、「私」たちが直接経験できるのは「現在」だけであり、過去や未来は記憶の働きによって「現在」から構成されていると考えるのである。すなわち、記憶の働きによってまず「現在」が堆積していき、結果として一本の直線としての時間が「過去」の方向に延びていく、また、これを逆方向すなわち「未来」の方向に延ばせば、過去から現在を経由して未来へと流れる時間が構成される。

　一方、「私」たちが普通に意識している空間についても、時間と同じように客観的時間が「存在している」と思い込んでいる。しかし、実際はそうでなく、時間の獲得を前提に、空間も時間と同じように、記憶の働きと体を動

かす（移動させる）という経験によって構成され、獲得されたものであると考えられる。

今ここでは、物理的な時空間を意識して論じているが、これらのことは理念的時空間にも同じことが言える。

以上のことから、「私」たちが普通、客観存在であり、だれにとっても同じように存在していると考えている時空間も、基本的には「私」たち一人ひとりが持つ固有の記憶、照合能力と経験、さらには自らの行動に基づいて構成し、獲得したものであるから、人によって相当に違ったものになっていると考えることができる。

この考え方は、日常の「私」たちの生活において遭遇する諸問題に対処するうえで多くの示唆を含んでいる。

たとえば、時間についての意味や価値は人それぞれで、時間の使い方も、約束時間の守り方も人によって全く異なっている。時間を上手に使う人もいれば、いつも遅刻ばかりする人もいる。

また、ビジネスにおいても、体を動かし、過去や経験に捕らわれることなく自由に発想するビジネスマンは、物理的にも論理的（社会的、経済的）にも広いビジネス空間を持って活動している。もちろん、そういう人たちこそが、ビジネスの世界で成功を収めることができるのである。

3.6.4　事物（システム）を取り巻く 3 つの秩序関係とその所在

世の中には、新聞記事で取り上げられているように、いろいろな関係が存在しているが、関係とは、関わり、関わり合いのことである。関係は、宇宙レベルのものから、日常に関わる社会システム、身体での細胞レベル、さらには物質の原子、素粒子レベルまでと実にさまざまなレベルで存在している。

社会の関係には、役割の協力、協同、補完関係、価値の共有、共用関係、さらには支配、上下関係など実にさまざまな種類が存在している。

また、これらの関係の存在箇所も多様であるが主なものは以下に示す 3 か所に整理できる。

① 「私」と「事物（システム）」との関係

この関係については、すでに第2章で詳しく論じてきた（2.2）。

② システムと取り巻く外部との関係

システムの階層性を論じたところで、「私」たちがある事物（システム）を認識できるのは何らかの欲望、関心を持ってそこに焦点を合わせ、それを周りから切り取り余計なものを切り捨てるからであると言った。事物は切り取りによって周りとの関係をすべて遮断してしまうのでなく、切り取った後、しかも改めて周囲と関係づけなければ存在し得ない。

事物が存在していくための関係とは、この本の冒頭の**図1.4-1**（p.11）に示すように、まず、事物に対する「私」からの「欲望、関心、目的の充足」の要求であり、事物が存在し続けるためには事物のふるまいに対する「秩序関係」の受け入れであり、その結果としての事物からの「機能の獲得」である。

どんなものごとも周囲との関係なしには、存在し得ないことは明らかである。何らかの理由で、外部との関係が維持できなくなり、関係が切れたときは、そのもの自体の消滅を意味する。

一方、新たに人工システムをつくるということは、すでに在る「世界」に新しいシステムを割り込ませることである。また、存在させ続けるためには、割り込んだのちに「世界」から受け入れられなければならない。そのためには、ある程度の制約を受けながら、ほかのシステムとともに役割や機能を分担していく必要がある。

システムと周囲の関係は、具体的には、システムの定義（1.3.2）でいう「‥‥周囲から種々『制約』を受けながらも、また「変化」に耐えながらも全体として一つの『目的』に向かって機能する‥‥」の「制約」と「目的」である。そして、その目的は、システムの外部から見ると、システムが世の中に存在していくために、果たしていくべき役割や機能分担である。また、制約は、既存の周囲が秩序関係を維持しようとしているところによって受ける抵抗にほかならない。何をすべきか、何をしてはいけないか、ということである。

③システムの構成「要素」間の関係と全体の階層構造

システムの第3の秩序関係は、システム内部の構成「要素」に関するもので、要素間の関係と構成要素を階層的に捉えた場合の階層間の関係の2つである。

少し大きなシステムになると、目的を達成するために、システムを分割して小さな要素（サブシステム）を関係させながら用意し、そこに必要な機能を分割しながら付与し、かつその「要素」全体を一つの階層的構造化した体系として用意しなければならない。システムの機能の階層的構造化は、効率のよいシステムの秩序関係をつくりあげるうえで大切なことである。

システムの階層性（3.5）のところで論じたようにシステムを効率よく維持、運営し、かつ発展させていくためには、「準分解可能性」とみなせるような独立性を保ちながら役割、機能分担ができる「安定した中間形態」としての要素を用意しながら、システム全体を階層化しなければならない。

個々のサブシステムが、独立性を保って内部で自己完結的に機能しないと、サブシステム間のヒト、モノ、カネ、エネルギー、情報といったシステム資源の流れが煩雑になり、混乱のもととなり、システムの効率的運営が難しくなる。また、システムが外部の変化に追従していく際のサブシステムの削除、追加がスムーズにいかなくなる。

3.6.5　システム内部の要素間の関係

システム内部の秩序関係は、まず要素（サブシステム）間の秩序関係である。システムの計画に当たっては、制約条件の下で目的や、目標の達成に最も適した構成要素を選び、それらを関係づけていかなければならない。システムの定義でいう「‥‥多数の構成「要素」が、有機的な秩序「関係」を保ち、一つの目的に向かって機能するよう‥‥」の有機的な秩序関係づけ、すなわち構造化し、つなげなければならない。

システムの構成要素を構造化し、つなげた結果、外部から与えた条件に対し、システムがどのような挙動をするかは、次項で論じるように、各要素の働きを因果関係として捉え、数学モデル化し、それを構造、つながりに基づ

いて連立させ、それを解くシミュレーションによって明らかにすることができる（3.6.4）。

　問題解決の視点で見る秩序関係は、組織内のモラルは乱れていないか、仕事の手順は狂っていないか、構造がおかしくなってないか、つながっているべきところが切れたり外れたりしていないか、さらには好ましい均衡状態にあるか、収支バランスが崩れていないかといったことである。

　一般に、システムは外部条件の変化や内部の変質に対し、ある幅を持って柔軟に対応できるような秩序関係の維持機能が備わっていなければならない。それは、システムの冗長、余裕であったり、自己再生機能であったりする。これらの機能が備わっていないと、システムは急速に陳腐化し、たちどころに存在価値がなくなったり、立ち行かなくなったりする。

システム内部の設計—企業システムを例にとって

　図 3.6-3 は、外部設計と内部設計という計画・設計の階層化の考え方を企業システムの「経営計画」「経営構造計画」さらには「業務計画」といった一連の計画に適用した場合を示したものである。

　「経営計画」は、企業の外部環境の変化に適応する方向を探し、進むべき

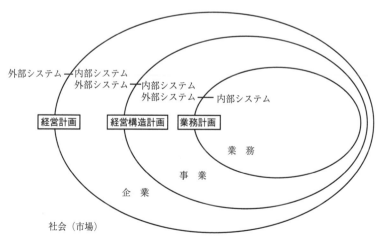

図 3.6-3 企業システムの外部設計と内部設計

事業分野とその規模を決める計画で、まさに企業（内部）と外部を切り離す外部設計の段階である。「経営計画」によって事業分野が決まると、その分野で競争に勝てる人材と設備を中心とした内部の事業遂行能力が計画される。これは「経営構造計画」と呼ばれる内部設計である。

　事業遂行能力が準備されると、次に各事業部門によって日常の業務活動の計画、すなわち「業務計画」が行われる。業種によって異なるが、製造業では、購買、生産、販売、資金繰りなどである。

　「経営構造計画」と「業務計画」との関係に視点を移すと、前者は新しい事業分野を企業という外部システムから切り離す外部設計であり、後者は事業活動の内容をより具体的に設計する内部設計になる。

　この企業システムの計画問題は、意思決定を扱うところで再度取り上げるが、なにごともシステムの階層性を意識した扱いが肝要である。

　ここまで説明してきたのは、秩序関係の本質と体系化であって、秩序関係の量的（容量的）質的（強度的）な問題ではない。量的な関係は、一般的には収支関係として捉えられる。要素間の数量的な秩序関係を扱う普遍的な技術の一つにシミュレーション技術があり、秩序関係を質的、それも変化に伴う変質を扱うのにエントロピー概念がある。これらについては、新たに項を設けて論じていく。

3.6.6　シミュレーション

　前項では、システムを取り巻く秩序関係の本質や所在箇所について論じてきたが、ここでは秩序関係の中身を具体的、数量的に扱う手法であるシミュレーションについて見ていく。

模擬自動車

　ゲームセンターや自動車教習所で、前面に道路が映し出され、その路上にバーチャルな自動車がセットされ、あたかも実際に路上を走っているかのように体験、体感できる装置がある。それに乗った子供は一回100円程度でド

ライバーの気分を味わうことができ、教習所の生徒は未熟な運転でも事故の心配もなく基本的な走行技術を身につけることができる。なかなか便利なものである。

模擬自動車のように、ある現象を何らかのほかの手段によって模倣する、すなわちまねることをシミュレーションといい、模倣する仕掛けのことをシミュレータと呼んでいる。

近年その精度を上げている天気予報のためには気象シミュレーション、経済成長率を予測したり、経済政策を立案するためには経済シミュレーションがある。

また、前述のメドウズらによる近未来に地球で起きるであろう極めて厳しい事態の予測は、地球環境と経済を一つのモデルで扱う地球システムのシミュレーションによって行われた。

そのほか、企業が経営計画を立案したり、工場を計画、設計するときに使う、経営シミュレーション、工場シミュレーション、ビルの耐震性をチェックする構造シミュレーションなどがある。

いろいろあるシミュレーションで共通していることは、実体による実験が不可能であったり、危険を伴ったり、著しく費用がかかり過ぎる場合などに使われる。

私たちの頭はシミュレータ

実は、私たちは、あまり意識することはないが、日常生活の中でシミュレーションを行いながら意志決定をし、行動している。少し複雑な問題に遭遇すると、「あーでもない、こうでもないと」とケース・スタディをして最適な解決を図るように努力している。その際、私たちはコンピュータなどの外部のシミュレータに頼ることなく、自分の頭の中で現象を模倣（シミュレート）しながら、最適な問題解決方法を探すことを行っている。

さらに問題が大きく、複雑になると自分の頭だけでは手に負えなくなり外部のシミュレータに頼ることになる。そこでの思考方法、進め方は、自分の頭を使う場合と同じで、主に問題の大きさ、複雑さからくる量的な違いがあるのみである。

したがって、これから述べるシミュレーションに係わる考え方は、多かれ少なかれ、日常生活における思考方法の改善に役立つ。

莫大な数の数学モデルを連立させて解く大型シミュレータの仕掛け

シミュレータを仕掛けの点で見ると、空洞実験や水槽実験のように**ハードな模型**を用いる方法と、気象、経済、工場などのシミュレータのような**ソフトなコンピュータ・モデル**を用いる方法がある。コンピュータが大容量化、高速化した現在は、融通性、迅速性の点からコンピュータ・モデルを用いるケースが多くなった。僕の実績を示したところ（3.3.3）で化学工場のシミュレータについて触れている。

コンピュータを用いる場合は、ハードな模型のかわりに数学モデルを使う。数学モデルは、まず各要素の挙動、すなわち要素のインプットとアウトプットの因果関係を数式化、数値化する。次にそれを要素間の関係、すなわちシステムの構造やつながりに従って、代数的には連立させることによって数学モデルができあがる。多くの場合、数学モデルを数値析的に解くことによってシステム全体の現象や挙動を知ることができる。数値解析的に解くとは、数学モデルが非線形の複雑な多元連立方程式であるがゆえに解析的に解けない連立程式を**数値計算法**というコンピュータ利用技術を使って解く。僕の博士論文は、大型化学工場のモデル化とそれを解く新しい数値計算法の確立であった。

このように、現象を数式化、連立化して現象モデルをつくることを、モデルビルディングと呼んでいる。日常なじみの深い予測精度の向上した天気予報では、コンピュータの大型化、高速化を生かした地球規模の気象モデルビルディングしたシミュレータを使って天気予報に使っている。

メドウズ[32)、33)]らの地球の将来の姿を予測するために用いた地球数学モデルでは、地球全体の汚染、資源、人口、農業および経済の5つの部門の主要な要素とその関係を数式モデル化したものを用いている。

シミュレーションが持つ可能性

シミュレーションに使うモデルは、私たちが用意したものであり、そこに

122

組み入れられている前提以上のものでもないし、コンピュータはプログラム化されたことしか実行しない。しかし、シミュレーションは、私たちが用意したもの以上の結果をもたらす。

それは、シミュレータが、モデル（ソフト）とコンピュータ（ハード）という全く異質なものが一つになって機能したとき、それぞれが持っている機能以上の結果が得られる、という新奇性の原理のもとにあるから。

与えた以上の結果が得られる　僕の専門の一つに化学工場や石油・ガス工場の設計を目的としたプロセス・シミュレータの開発と適用がある[56]。そこでは、まずプロセス・プラントの数百の構成要素（装置）に対して、物質や熱の収支と、固・液・気の相平衡、さらには化学反応を考慮した局所数学モデルが用意される。それが秩序関係としてのつながりに基づいて連立されてプラント全体の数学モデルになり、コンピュータによって数値計算的に解かれる。

全体モデルは、そこで扱われる化学物質が 30 から 40 成分になると、数千もの非線形連立方程式になる。いくらコンピュータが発達したとはいえ、幾重もの工夫なしには安定的に解を得ることは容易でない。

しかし、苦労して得られた解からは、モデルとして与えた知識より数段上の意味ある新しいことを教えてくれる。数百ないし数千億円のプラントを建設し、運転してみなくとも、工場全体の挙動、すなわち個々の構成要素（生産設備）がどう動き、どんな製品が得られるかすべてが予測できるようになる。

プロセス・シミュレータの開発は、僕のライフワークの一つでありドクター論文にもなった。

システム内部の理解が不完全でも十分な結果が得られる　さらに、シミュレーションのすばらしさの 2 つ目は、システムの内部についての理解が不完全な場合でも、工夫次第で十分な結果が得られるということである。

一般的には、必ずしも複雑なシステムの内部の現象を詳細レベルで知らなくとも、システムから抽出された重要な少数の特性に注目してシミュレータ

をつくることによって、目的になかった十分な結果を得ることができる。

　私たちが日常生活において、この複雑で入り組んだ世の中を生きていけるのは、前にも述べたように私たちの頭がシミュレータであることと、この原理のおかげである。たとえば、パソコンの内部は複雑だが、この複雑さに煩わされることなく使えるのは、マン・マシンインターフェイスのレベルでパソコンというシステムの特性を知っているだけで十分であるからである。また、車に乗るのにエンジンや車体の詳細構造まで理解する必要はないし、ましてやそこに使われている材質について知る必要は全くない。車の基本的な限られた特性を知っているだけで運転できる。

　この原理は、外部にシミュレータを用意して合目的で効率的なシミュレーションを行う場合に限らず、頭のシミュレータを使って行う日常的な問題解決においても大切な考え方である。

　ものごとへの対処がシステマチックな人は、問題の細部を捨てて、大事なところだけを近似的に単純化して把握できる人である。逆の人は、このような原理を知らないために、つまらない細部にこだわり、そこに目を奪われ問題の特性、本質、全体が見えない人である。

3.7 不可抗力な世の中の「変化」

3.7.1 問題発生の原因の多くは変化にある

この本は、問題解決を論じることを目的にしている。その問題の多くは事物の「変化」が原因になっている。私たちの周りで起きる変化は、最初に取り上げる宇宙史的変化をはじめ、個人にとっての生死問題、身の回りの問題など、種類も数も多く実に多種多様である。

ビッグバン―宇宙史的変化を考える

その変化は不可抗力　　一般システムの定義に取り上げる 7 つめのキーワードは「変化」である。この本では、問題解決を幅広く論じているが、問題発生の原因の多くは、変化に伴っている。古代ギリシャの哲学者ヘラクレイストは変化について「万物は流転する」と言っている。「私」にとって、最重要な変化の問題は生と死である。

宇宙は、138 億年前にビッグバン（爆発的膨張）によって誕生したと考えられているが、この証拠が観測されたのは極最近の 1965 年で、現在は有力視されている。現在も宇宙の膨張は続いており、その過程で、46 億年前に地球が生れ、生命が誕生したのが 40 億年前である。古生代、中生代を経て新生代がやってきて恐竜が滅んで哺乳類が天下を取ったのが 6500 万年前のことである。

最古の人類は、化石の発見から 540 万年前とされ、そして今の人類になってから 30 万年たっている。その人類が諸々の欲望を充足する過程で文化的発展を遂げているのが現在の世の中である。産業革命以降の人間の活動は、地球環境に急激な変化をもたらし再生不能な、取り返しのつかないところに差し掛かっている。

好むと好まざると、宇宙が変化し続け、地球も、生物も、人類も、私たちも、文化も変化し、問題は発生し続ける。

3.7.2 変化に伴う有用性や価値の低下に着目した
　　　　 エントロピー概念 [44) ~47)]

　「私」たちは、このような「世界」の変化の中にあって、文化的一側面である科学においては、どちらかというと、変わらないものに着目して理論体系をつくってきた。たとえば、化学反応においては、反応の前後で物質は変わっても質量は一定に保たれるという質量保存の法則や、エネルギーが熱から仕事にその形を変えても総量は増えも減りもしないというエネルギー保存の法則、さらには経済社会における経済収支などがその例である。

　しかし、私たちたちの周りには、変化によって質量やエネルギーは保存されても、また収支が取れていても、変化によって新たに生まれたり、失われたりするものがたくさんある。収支が取れることも大事だが、問題は、むしろ変化によって生まれたり、失われたりすることのほうにある。

　なぜなら、自然に起きる変化や容易に起きる変化の多くは、結果、有用性や価値の低下などを招くからである。

　人間の大量廃棄によって住み難くなっている地球、資源の枯渇によって有用性が低下しつつある地球、部屋に熱が拡散し冷たくなってしまったヤカンのお湯、使い古してしまった自動車や電気製品、流通の下流で単価の高くなってしまった商品、さらにはモラルの低下した社会、乱雑になってしまった机の上などがその例である。

　このように変化によって変わる有用性や価値などに着目した理論は、最近とみに重要性を増してきたエネルギー資源や地球環境の問題を考える場合、保存則に負けず劣らず重要である。

　有用性や価値に着目した唯一の理論は、ここで取り上げるエントロピーに関する理論でありエントロピー概念である。

　エントロピーという言葉は、もともと熱力学や情報理論という専門分野において、数学的な厳密さを持って使われてきた。しかし、最近、「エントロピー概念」なる言葉の下で、公害や環境汚染など社会現象の理解や問題解決に適用されるようになった。

　エントロピー概念は、専門分野を超えてものごとを統一的、普遍的に扱う

ことを目指す一般システム論にとって心強い概念である。

　エントロピー概念なるものを理解するために熱力学や情報理論で使われるエントロピーの厳密な意味を理解するのが好ましいに決まっている。しかし、それを説明するには、紙数も足りないし、この本の目論見からして適切だとは思わない。そこで、ここではエントロピーの本質および概念なるものを理解していただくうえで最小限の説明にとどめた。

　そのうえで、この概念が世の中で起きている変化に伴うさまざまな現象の理解と変化が引き起こす問題の解決にどう役立てられるか見ていく。

3.7.3　熱エントロピーと情報エントロピー

　前節では、秩序関係の内実、それも主に熱および物質収支関係を念頭に数量的に扱う技法としてシミュレーション技術を紹介した。ここでは、バランスではなく、秩序関係の変化がもたらす価値の低下をエントロピー概念のもとで考えていく。

　そのために、まず熱と情報の両エントロピーを説明しておく。エネルギーという言葉はよく耳にするし、使いもする。しかしエントロピーという言葉は、耳にすることはあっても、使うことは少ないようである。エントロピーは、次項で示すようにエネルギーを単に温度で割ったものである。よく説明に使われるのが、暖かいヤカンの湯のエネルギー（単位はカロリー）を単にヤカンの湯の温度で割った数値をエントロピーと呼んでいる。したがって、「君のエントロピーは大きいね」と言われて喜んでばかりはいられない。「君の頭は冷めてしまっている」の意味にもとれる。

熱の有用性を表わす熱エントロピー

　エントロピーという言葉は、1865年に理論物理学者クラウジウスによって導入された。彼は熱エネルギーが移っていくたびにだんだんと質が悪くなっていくことに気づき、この劣化の程度を表す量としてエントロピーというものを考えた。エントロピーは、後に情報理論でも使われるようになるが、まず熱力学という科学・技術の分野で扱われた。

127

　熱力学でいうエントロピーは、物体の持っている熱エネルギー（Q）をその物体の絶対湿度（T）で割った量（S＝Q/T）で、その物体の持っている熱エネルギーと温度の両方に関係する量である。

　エントロピーの値は、定義式からわかるように、同じ熱量の場合、温度が低い物体ほど大きくなり、有用性は小さくなる。また、熱の移動に伴って温度が低くなればなるほどエントロピーは大きくなり劣化度も大きいことになる。

　このように定義されたエントロピーの値は、物体の持っている熱エネルギーの有用性を、また熱移動がある場合は移動の前後で生じる熱の劣化の程度を数字で表現するために導入された状態量である。

　熱は、温度差があれば、必ず高いほうから低いほうに一方向に、自然に流れエントロピーの増大化、熱の劣化が起きる。このことを熱力学第二法則という。しかし、熱エネルギーは、流れる際、熱力学第一法則に則って保存され、総量は変わらない。

情報の確かさの程度を数値で表わす情報エントロピー

　次にアメリカの電気工学者シャノンによって1984年に導入された情報に関するエントロピーについて見ていく。

　情報は、技術の進歩とあいまって、物質やエネルギーとともに価値あるもの、すなわち有効な資源として注目されるようになった。

　情報とは、私たちにとって価値のある知らせのことで、漠然としてわからない状態をはっきり解決された状態にする手段である。

　したがって、私たちは事態を把握し、少しでも早く適切な手を打たなければならない場合には、できる限り確かな情報が欲しくなる。しかし多くの場合、情報が得られたとしても、その中味は必ずしも確定したものとは限らない。むしろ不確定の状態、すなわちあることの起きる確率として提供されるほうが一般的である。

　情報理論におけるエントロピーは、このような確率を持って提供される情報源がある場合、情報源の不確定の程度を表す数値として用意されたものである。そして、その数値が大きいことは、提供される情報が不確定さをはら

んでおり、その情報では、結果を予想できない。すなわち何が起きるかわかり難いことを意味している。

　これとは逆に、情報エントロピーが零であるということは、情報の内容がすべて確定していて、もはや確率的なものが含まれていないことを意味する。

　また、情報とは情報エントロピーを減少させるものであると言える。したがって、情報収集活動は、収集目的としている情報エントロピーを零に近づける活動である。

3.7.4　エントロピー概念の社会問題への適用

　前項で、熱力学的なエントロピーと情報理論におけるエントロピーの意味を見てきた。そこでのエントロピーは、有用性、劣化、散らばり、不確定などの度合いを表す量であるとしてきた。

　この熱エントロピーと情報エントロピーには、私たちの周りにあってさまざまな問題を引き起こす変化現象に対処するのに有用な観点が含まれている。

　エントロピー概念とは、この有用性に着目して、定量的な厳密さを多少犠牲にしても、エントロピーという言葉の意味する本質を損なうことなく適用範囲を広げた思考方法のことである。

　すなわち、情報エントロピーを含めたエントロピー概念とは

- 自然に起きるか、容易に起きる現象の多くは、不可逆的すなわち逆に進めることは難しい。
- 確実に出現確率の大きい状態、すなわち無秩序（ばらばら）な状態の方向に進む。さらに言うと、多くの場合、価値の低くなる方向に進む、すなわちエントロピーは増大する方向に進む。
- 放って置くとやがて平衡状態になり、エントロピーは最大になる。

という世の中の変化に伴って生起することの一般則であると言える。

　これらのことをわかりやすく、身近の事例でいうと、次のようになる。すなわち、世の中、一事が万事、自然に起きやすいほうに一方向に進み、反対方向にすることは不可能か極めて困難である。事例の後の括弧内のアクションは、反対方向にするアクションである。事例の自然に進みやすい方向と

は、熱エントロピー的には、高温から低温（ヒートポンプ）、情報エントロ
ピー的には、秩序から乱れ（整理整頓）、清潔から不潔（洗濯、掃除）、集中
から拡散（濃縮）、規則的からデタラメ（並び換え）、確定から不確定（情報）、
商品から廃品（修理）、価値から無価値（再生）などである。

　そして、逆方向に進めるには困難であり、括弧内に示すような努力、仕事、
お金が必要になる。進みやすい方向は、どれもエントロピーが増大する方向
であり、やがて平衡状態になり変化は止まり、エントロピーは最大になる。

　以上のことからわかるように、エントロピー概念でのエントロピーは、劣
化、乱れ、汚れ、拡散、混合、不確定、不確実などの程度、度合いを総合的
に表す量であると考えられる。

　エントロピー概念が教えてくれる重要なことの一つは、ボルツマンが示し
た熱エントロピーの場合のように、マクロな捉え方でも、ミクロに捉えたと
同じ結論が得られるということである。そして、このような発想法なり、理
論の構成法が自然科学だけでなく、社会科学の場合にも役立つということで
ある。そこでは、数学的厳密さは無理な場合でも、上にあげたエントロピー
概念の例のように、難しく考えなくても大まかな傾向をつかむことができる。

社会のエントロピー　　社会のエントロピーは、社会の不確定度、不自由度、
無秩序度であり乱雑度である。

　一般に社会のエントロピーは低いほうが好ましい。景気が極端に乱高下す
る不確定のものでは困るし、いろいろな規制があると経済の発展を阻害する。
社会が無秩序だと犯罪の温床になる。

　一方、教育は情報のエントロピーを低く保つうえで、大切になる。また、
都市が整然としていると都市のエントロピーは低く保たれ、住みやすいし、
気持ちいいものになる。

生産と消費　　生産活動とは、低エントロピーの製品（秩序）を作り出すこ
とである。そのために、エントロピーの高い原料（たとえば鉄鉱石）の投入
とともに、低エントロピー源（たとえば石炭燃料）の投入が必要である。こ
の場合、低エントロピー源の役割は、原料からエントロピー（よごれ）を吸

い取ることである。その結果、エントロピー度の低い製品（あるいは生産物）とともにエントロピー度の高い廃棄物や廃熱が生まれる。

つまるところ、原料からエントロピー度の低い製品をつくる過程は、低エントロピー資源の消費（つまりエントロピーの増大）によって初めて可能になる。

ちなみに、石炭は、石油とともに過去に太陽がもたらしたエントロピーの低いエネルギーが固定化されたものである、と考えることができる。

廃棄物による社会エントロピーの増加　　大量生産、大量消費の社会の出現に伴う大量廃棄が社会問題化している。

電気製品のような商品は、部品が整然と配置されて情報エントロピーの小さい品物である。商品は、壊れたり古くなったりすると廃棄されるが、これは、情報エントロピーが大きくなるということである。不法投棄されると環境が乱雑になり社会エントロピーが増大する。廃棄物は、一般には高情報エントロピー、低熱エントロピーである。また、壊れたり不法投棄されたりしても熱エントロピーは変わらない。

壊れてしまったもののエントロピーを再び小さくするためには、修理したり再利用したりすることである。また、分別化して整理することによって、エントロピーは小さくなる。

環境問題を考える場合、情報エントロピーと熱エントロピーの両方から考えなければ解決できないことが指摘できる。

3.7.5 「世界」の変化の先取り

ある問題を解決していくうえで、周囲との関係で注意を払わなければならないことの最初は、周囲の変化への追従、先取りである。

エントロピー概念のところで述べたように、私たちは抗しがたい変化の中にあり、その変化がさまざまな問題をもたらす。その一つが、システムの周囲の変化、変質によってもたらされる存在価値低下の問題である。

システムができた当初は、世の中の仕組みの中で、制約を受けながらも所

定の役割や機能を分担し、存在価値があったものが、世の中が変わってしまったために存在価値がなくなってしまうことがある。これは、周囲から低エントロピーを吸収することができなくなり、エントロピーが増大してしまうからである。

　今の私たちにとって、人間やその経済活動がもたらしている、資源の枯渇や地球汚染がもたらそうとしている、行き過ぎから破局へ向かっている地球システムの変化こそが最大の問題である。この問題の解決には、変化への先取りが不可欠である。

　前からよく言われることに「会社の寿命30年説」がある。これは会社が、変化する世の中にあって30年も同じことばかりしていたのでは存在価値がなくなり潰れてしまいますよ、ということを言っているのである。数年前に、その30年が、情報化の進展に伴い、ドッグイヤー（犬の寿命）、すなわち7年に短縮された。それが最近は、ある種の分野では半年にまでになっている。

　今の世の中は、このような会社のことのみならず、すべての変化が加速され、あらゆるところで行き過ぎ現象が起き、制動に多くのエネルギーを割くことを強いられるようになる。バブルの形成しかり、地球の汚染しかりである。

　問題に遭遇したら、まず問題点との関連で、この周囲の変化に注意を払う必要がある。ものごとが加速的に変化している世の中で、問題の解決に当たっては、変化への追従では不十分であり、いかに変化を先取りしていくかが大切になっていく。

3.8 システムに対する「制約」

3.8.1 関係することは制約を受けること

　この章で論じるのは、一般システムの定義でいう「‥‥周囲から種々「**制約**」を受けながらも、また「変化」によってもたらされる問題を解決しながら、全体として一つの「目的」に向かって‥‥」の「制約」についてである。

　「私」たちは、何かしようとすると必ず何らかの制約を受ける。何事もいかなるシステムも何ら制約も受けることなく存在したり、ふるまったりすることはできない。それは事物（システム）が世の中（上位システム）に存在できるのは、相互に一定の秩序のもとで関係しあっているからであり、関係しあうということは相互に制約しあうことでもある。

　システムに対する制約の本質は、上位システムが秩序立った状態を維持するためにシステムに対する在り方、ふるまいに加える制約である。システムが安定して存続するためには、この秩序維持のための要求に対し十分な配慮が必要になる。制約に対する配慮を怠るといったん存在しえたかに見えたシステムも周囲とトラブルを起こし存在し続けられなくなる。

制約への対処は、人によって一定の傾向を持つ

　社会システムの構成員である「私」たちは、社会システムから受け入れられ生きていくために、社会の制度、法律、さらには規範、習慣、約束ごとなどを制約として受け入れ行動していかなければならない。社会システムの一つである企業システムで働く人たちは、企業目的を協同して達成に努める一方で、社会の制度や法律のほか、企業固有の秩序、たとえば就業規則、業務分掌、上下関係などの約束ごとを制約として受け入れて行動しなければならない。

　しかしだからといって、いつも制約を何もかも受け入れてばかりいては、進歩もないし、新しい展開も開けない。制度であろうと、規則であろうと、世の中の変化に合わせ、時には変化を先取りして常に対応の仕方を見直しし

ていかなければならない。受け入れる制約と突破する制約をバランスよく見極めて行動することが大切である。この問題は、3.8.4 の問題解決と制約のところで改めて詳しく論じる。

　一方、制約への対処の仕方は、人によって一定の傾向を持っている。制約を努力によって突破し前進しようと心掛けている人もいれば、制約のあることをいつも言い訳の材料にし、無気力な生活を送っている人もいる。制約の対処は、価値観とともに、その人の行動様式を決める重要な要素の一つである。

　ここまでは主にシステム（事物）の内でコト系（社会）システムにおける制約を中心に話してきたが、モノ系（道具・機械・エネルギー）システムでも同じことが言える。

　問題を処理する場合、この制約の受け止め方によって全く別な結果が得られる。したがって、制約は問題解決論を展開するうえでシステムの定義にも取り入れていることからもわかるように、目的と同じ第一級の重要なキーワードである。

　システムの周りの諸々の制約は、システムの秩序関係に由来している。このことの理解は、一見多様に見える制約を一般化、普遍化して捉えるうえで重要なことである。

　秩序関係と制約に対するこのような理解は、一般システムの特徴を理解するためだけでなく、一見多様に見える制約を一般化、普遍化して捉えるうえで重要なことである。なぜなら、制約の根源である多様な秩序関係も前節のように一般化、普遍化されるに伴い、多様な制約も一般化、普遍化して扱うことが可能になるのである。

　このシステムの階層性を介在させた秩序関係と制約の関係、すなわち制約の秩序関係由来は、この本で進めている一般システム論において重要な概念である。

3.8.2 システムを取り巻く制約条件

制約の所在の見極め

　問題解決やそのためのシステムの計画・設計において、制約条件の扱いいかんで、成果の良し悪しが決まってくる。重要な制約を見落とせばたちまち立ち行かなくなるし、逆に何もかも受け入れていては陳腐な結果しか得られない。その点でどう対応すべきかは後述するとして、ここでは制約の所在の見極め方について考えていく。所在の見極めは、よいシステムをつくるうえで重要である。

　システムの外部秩序は複雑であるために、制約がどの秩序関係からきて、システム内のどこに及ぼすかを見極めることは結構難しい作業である。

　すでに、秩序関係を体系化して示したが（3.6.2）、ここでは制約条件の見極めを容易にするために、対象システムを取り巻く制約条件を、その所在ごとに整理し一般化して示す。

　システムは、必ずある種の資源を取り込み、変換してシステムの目的も含めたある種の資源を出力する。資源は、ヒト、モノ、カネ、エネルギー、機能、技術であったり情報であったりする。

　図 3.8-1 は、システムにインプットされた資源が、因果関係に基づき有用

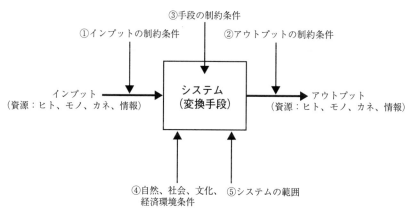

図 3.8-1　システムを取り巻くさまざまな制約条件

な資源に変換されてアウトプットされるものであると考えた場合の制約の所在を示したものである。以下に、これらの制約の所在を図を参照しながら逐次説明していく。

①インプットの制約条件

料理、機械、工場、企業、計画、設計、プロジェクトなどのシステムが機能するためには、労働力、資金、原材料、エネルギー、情報などいろいろな資源を投入する必要がある。この投入する資源のことを、一般的にはシステムのインプットと呼んでいる。

これらの資源は、いつでも、どこでも、いくらでもと自由に手に入るものではなく、おのずと制約がある。ここでは、この制約を「インプットの制約条件」と呼ぶことにする。

「インプットの制約条件」は、システム間のつながり関係（ネットワーク）に由来しており、資源はそのつながりの中を移動する中身である。

インプットの制約には、量的なものと質的なものがあり、システムの置かれている環境によって異なるとともに、文化や社会、経済情勢によっても変わる。たとえば、海外に立地される生産工場の場合、確保できる労働力や調達できる原料、部品の量とともに質への配慮が不可欠である。また、工場を動かすエネルギーも近くに既存の供給源があるかないかで計画の内容が変わってくる。

②アウトプットの制約条件

システムから吐き出されるものをアウトプットまたはプロダクトと呼んでいる。アウトプットの中には、インプットと同じようにいろいろな資源が含まれるが、そのなかには必ずシステムの目的とするものも含まれているはずである。また、目的の種類のところで説明したように、アウトプットされる資源の経済性、安全性、公害性、発展性、信頼性、操作性、居住性、品質、外観、景観、自由、平等さらにはアメニティなど、システムの評価の基準になるような情報も含まれている。

「アウトプットの制約条件」とは、これらのアウトプット項目に対する制

約であり、目標の設定で述べたシステムの出来栄えを評価する項目の評価基準にほかならない。

　たとえば、企業にとって競争力を維持するための製品やサービスの限界原価、売上高、利益などの指標、工場や自動車における公害のもとになる物質の排出基準、許容騒音レベル、住宅やオフィスの居住性、製品の品質、さらにはさまざまな社会システムにおける自由と平等などが考えられる。

　また、医療費抑制や業界の秩序からくる病院のベッド数規制、貿易摩擦問題からくる輸出量や価格などもアウトプットの制約条件の一種である。

③手段の制約条件

　システムの計画・設計は、いろいろな制約条件のもとでシステムの目的を達成する最適な手段を選ぶことである。ところが、手段そのものにも制約がある。強引なやり方に対して「目的のために手段を選ばない」と言われることがある。目的のためとはいえ手段は選ばなければならない。

　手段の制約としてしばしば遭遇する問題に技術上の制約がある。ここでいう技術には、製品技術や生産技術といった工学的技術のほかに、経営、運営や管理技術、さらには手順が含まれる。

　製品技術や生産技術が制約になるのは、欲しい機能でありながらまだ開発されていなかったり、開発が不十分であったり、コストが高すぎる場合である。開発されていても、特許問題が絡んだり、環境に悪影響を与えるおそれがあったり、安全性に問題があるような場合にも制約される。

　経営・運営、管理技術の制約には、会社の経営、販売技術、人事管理などがある。企業で起こる問題の多くは、この制約が絡むことが多くある。この制約は、人や組織の能力と関わる問題であり、企業の力の限界でもあり、なかなか厄介なものである。

　制度や法律によって決められている手順も制約の一つである。物の生産、建物、構造物および施設の建設、さらに機関の設立に当たっては、条例や法律によって、あらかじめ決められた手順に則り、検査や審査、届け出、許認可などが義務づけられている場合がある。

　たとえば、化学工場や石油精製工場を建設する際には、計画や設計の段階

で、「工場立地法」など二十数種類にも及ぶ条例や法律に基づく申請手続き
が必要である。

④自然、社会、文化、経済環境条件

　システムは、さまざまな環境に囲まれ、それと関係し合って存在している
ため、環境を無視できない。システムを取り巻く環境としては、自然環境、
伝統や習慣を含めた社会、文化環境、さらには経済環境などがある。これら
の環境は、場所と時代によって変化するものである。

　システムの計画、設計に当たっては、当該システムと諸環境との関係の実
態を把握し、システムの境界において調整し、全体として環境と調和の取れ
たものにしなければならない。

　たとえば、都市計画の場合、計画に先立つ基礎調査として、自然環境に関
して山川、海陸、気象など、社会、文化、経済環境に関して人口、産業、交
通、土地利用、都市整備、環境（大気汚染、騒音振動、水質汚濁など）、防災、
財政など、全部で百を超える詳細項目についての調査が必要であり、計画・
設計の際には、これらすべてを考慮していかなければならない。

　客商売と言われるものの場合、立地環境は致命的な意味を持つ。近くに大
きな競合施設ができたり、交通機関との兼ね合いなどで街全体の構造が変化
して人の流れや客層が変わったりすると、ビジネスの浮沈にかかわってくる。

⑤システムの範囲

　前に、ものごと（システム）は、世の中から切り取ることによって初めて
認識できると言った。システムには、必ずこの切り取った境界があり、それ
によって囲まれた範囲が存在している。範囲が異なれば、別のシステムに
なってしまうことから、範囲は制約の一種と考えることもできる。

　境界は、屋敷が縁石や垣根で区切られているように物理的に識別できる場
合もあれば、組織や情報システムのように概念的、論理的にしか識別できな
い場合もある。屋敷と同じように、具体的な椅子やテーブルが識別できるの
は物理的境界があるからである。しかし、家具一般は、概念的であり物理的
境界を持っていない。自分の課と隣の課が区別して識別できるのは、同じ空

間的関係でも、物理的な机の配置でなく論理的つながりからくる境界がある
からである。

　システムの目的が決まれば、備えるべきシステムの機能が決まり、システ
ムに取り込むべきおおよその範囲は決まってくる。範囲が決まれば、いまま
で見てきた制約条件も決まってくる。ある種の厳しい制限から逃れるために、
制限のもとになっている関係をシステムの中に取り込んでしまう、すなわち
システムの範囲を広げてしまう方法がある。

　この範囲と制約の関係は、問題解決やそのための計画・設計における制約
の排除という点から大切なことなので、節を改めて詳しく論じる。

3.8.3　システムの範囲の変更による制約の回避

内部化
　問題を解決する際、考慮する範囲によって制約は違ったものになる。一般
的な傾向として、考慮する範囲が狭いと制約が厳しくなり、できることが限
られてくる。逆に、広いと制約は緩和されいろいろな可能性が出てくる。し
かし、一方では、範囲を広げると考慮すべき対象（システム）自体が大きく
なり、問題解決のために多くの労力と時間が必要になる。したがって、ある
目的のために既存のものを改善、改良するにしろ、新たにつくるにしろ、対
象とする範囲の取り方には適度な大きさが存在する。

　このことを経営学では次のような考え方で説明している。

　「なんらかの行動主体にとって制御不能な外的要因、あるいは環境パラ
メータを、制御可能な要因あるいは政策変数に転化させていく一連の努力の
ことを内部化と呼び、企業が経済合理的に行動する限り、内部化する費用の
ほうが市場機構を利用するための取引費用より低いならば企業はそのような
費用を内部化するはずである」

　以下では、主に商業や生産システムを例にとって説明していくが、内部化
さらには後述の外部化は、ほかのあらゆるシステムでも起こりうることであ
る。

M & A

　内部化には、企業システムが原材料や半製品の安定的供給やコスト削減を狙って、原材料または半製品供給企業を吸収合併するような「上方展開」と製品の販売ルートの確保や消費動向の迅速な把握を狙って商品卸売や小売企業を吸収合併する「下方展開」とがある。

　企業のこのような行動は、普通M & Aと呼ばれている。M & Aは、Merger & Acquisition（合併と買収）の略であるが、合併や買収だけに限らず、ある会社がほかの会社を所有・支配したり、提携・協力するための手段を総称している。

　M & Aは、従来救済型が中心だったが、スピードが求められる時代にあって、ゼロからスタートするよりも既存の仕組みを活用するほうが迅速にことが進むことから、企業の成長戦略を進める手段として急増している。

　また、最近は中小企業の後継者問題の解決法としてM & Aが活用されるようになっている。

上方展開　　まず、上方展開によって制約が緩和され機能が改善される例を製造業について見てみる。

　製造業では、原材料や部品を安定的に確保し、またコスト低減を図る目的で、自ら上流の生産業や製造業に乗り出す場合がある。石油精製会社が石油採掘業に進出するのもこの例である。特に、新しい製造品目で原材料や部品を供給する市場ができあがっていない場合とか海外や新しい地域に立地する場合に上方展開が見られる。

　また逆に、成熟製品で差別化が必要なときに上流に進出することがある。アパレル産業が上流に進出するといえば、裁断、縫製のみならず生地の確保や捺染などまで手掛けることがある。また、外食産業が、無農薬、有機栽培を標榜せんがために、自ら食材の生産に進出する場合がある。これらは、商品やサービスの差別化を行い、新たなビジネスチャンスをつかむべく上方展開する例である。

下方展開　　次に、下方展開の例を取り上げてみる。下方展開は、システム

のアウトプットの変更をもたらすものであるので、目的、目標の再吟味でもある。すなわち、課題を解決するためのシステムとして、目的の掲げ方が適切であるか否かの問題である。

　製造業では、上方展開とともに下方展開を目指すこともある。いままで、原料や部品をつくっていた企業がビジネスの拡大を求めて最終製品の製造に、また製品の直販やメンテナンスサービスに乗り出すことがある。石油精製会社が販売部門を持つのは上述の採掘業に手を伸ばすと逆の下方展開である。製造業では、内部化のことを「内製化」とも呼んでいる。

　水質保全のための排水処理設備を、また硫化物や窒化物除去のために排ガス処理設備を設けたり、さらには環境保全のために緑地帯や緩衝帯を設けることも、工場システムに対する制約を緩和するためにアウトプット方向にシステムを伸ばすのであるから、下方展開の一種である。

外部化

　これまでシステムの資源の流れに沿った上下への展開の例を見てきたが、横へ拡幅したり縮小する場合もある。拡幅は、従来持っていなかった機能の追加であり、既存のシステムと補完しあって事業を拡大することを狙う例である。その一つが、日本の企業がボーダレス化を進めるなかで、金融機関などで起きている主に規模を追求するすさまじいまでの合併劇である。

　一方、情報、通信技術（IT）の発達、普及に伴い、外部化（アウトソーシング）も盛んに行われるようになった。外部化は、経営資源を内部に抱えることなく、必要な資源を必要なときに必要なだけ外部から調達することで、この変化の激しい時代を乗り切る新しい方法である。極端な例では、ファブレスといい、工場を一切持たない、すなわち製造をすべて外部化するメーカーが現れている。

3.8.4　問題解決と制約

受け入れる制約と突き破る制約

　問題解決論から見ると制約の扱いは、重要である。重要な制約条件が見落

とされたり、軽視されてできたシステムは、周囲の秩序を乱し、摩擦や抵抗によって動きが取れなくなることがある。

　一方では、システムの存在価値を高めるために、ある種の制約は積極的に克服していかなければならない。克服する努力を怠ったり、安易な妥協を繰り返していたのでは、いつまでたっても存在価値のあるシステムをつくることができない。

　また思い込みやメンツ、こだわりによって余計な制約をつくってしまい、選択可能な幅を自ら狭めて十分な結果を上げられないことがある。

　このように、制約には受け入れるべきものと突き破るべきものがあるが、多くの場合、システムの存在価値は、制約を乗り越えた向こうにある。いずれにせよ、どちらつかずの中途半端な対応が災いのもとになることを理解しておかなければならない。

　システムがつくられた時点では、それを克服することで存在する価値があった制約も、時がたち世の中が変わるなかで、制約でなくなり、それにつれて存在価値もなくなってしまうことがある。変化は、社会の価値観であったり、科学技術の進歩によってもたらすものであったりする。

　このような視点から、既存のシステムはいつも見直していかなければならない。そして、ときには存在価値のなくなったシステムは、思い切って放棄しなければならない。

ブレークスルー

　世の中には、探検、開拓、発見、発明、起業、戦いなど、さまざまな成功物語がある。それらが人々を感動させるのは、自身のハンディキャップを含めた、大きな制約や障害を克服して成し遂げた場合である。このことは、ブレークスルー（突破）した制約や障害が大きければ大きいほど、成し遂げた事柄が価値あることを物語っている。人生やビジネスにおいても同じである。

　私たちが問題を解決し前進しようとするとき、多かれ少なかれ制約を受けたり、障害に突き当たる。その際、逃げたり避けたりしてばかりいたのでは抜本的な解決も大きな発展も望めない。打破することで大きな可能性が開けるなら、周到な準備をしたうえで、労を惜しまず果敢に挑戦すべきである。

　そもそも、新しいシステムの開発は、すでにある秩序の中に、ある目的を掲げて、新しいものを割り込ませることなので、それ自体が既存の秩序に対する挑戦であり、制約や障害が立ちはだかるのは当然のことである。したがって、システムの目的は、最初から積極的にブレークスルーすると決めた制約でもあるとも言える。

　ただし一方で、私たちもシステムもある程度、制約を受け入れて初めて存続しうることを忘れてはならない。すべての制約を排除し勝手にふるまうことは、周囲との関係を否定し、自身の存在を否定することになる。

思い込みやこだわりを捨てて

　私たちには、いったん思い込んだら、また何かのきっかけでこだわりだしたら容易に考え方を変えられないことがある。このようなことが繰り返されると、自らの思考と行動の範囲を狭め、得られるものも放棄してしまうことにもなりかねない。

　思い込みには、民族や国家の単位で大勢の人たちによって支持されている社会的、宗教的な習慣や伝統のようなものと、一人ひとりの価値観、経験、生活環境に根ざした全く個人的なものがある。

　多くの人たちは、ある問題に突き当たり、なかなか解決の糸口が見つからず四苦八苦しているとき、事態は同じで、まだ問題の解決に至っていないにもかかわらず、急に気持ちがすっきりした経験を持っていると思う。これは、思い込みやこだわりから解放されたときに起きる現象である。

　問題が難しければ難しいほど、思い込みやこだわりを捨てることによって、新しい可能性が生まれ、解決のきっかけを見つけることができる。よく言われる発想の転換である。

　思い込みやこだわりが強固のものであるわけは、第2章で展開したフッサールの現象学の認識論の中に見出すことができる。

　現象学の主張によれば、私たちに見えているのは、初めから存在する客観でなく、欲望を持った私たち一人ひとりの価値観、世界観の下でつくりあげられた世界像にすぎない。すなわち、客観存在などというものはなく、ただ各自の意識作用がつくりあげた世界像があるだけである。

　一方、欲望、価値観は、その人の感受性をつくりあげているが、これはほとんど身体化されているので、自分に認識されたものを疑う余地を持たない。その意味で、だれもが思い込みを持っている。問題はそこにどれだけこだわるか否かである。

　自らをこだわりから解放するためには、自分とは別の見方もあるということを理解し、認める必要がある。すなわち、事実、真実があって、自分にはそれが見えているのではなく、あくまで自分の固有の見方ある。

　自分の問題なら、視座、視点を変えることによって別のものが見えてくるし、他人との関係の中での問題なら、自己中心的な考え方を捨て、関係の中に快さを見いだす努力をすれば、問題解決の糸口が見えてくる。

　制約に対する考え方が違えば、問題解決の方法も結果も全く違ったものになる。問題を解決するに当たり、個人であれ組織であれ、思い込みやこだわりによって、自分たちが勝手に制約だと決めつけているような項目がないか十分に吟味してかかる必要がある。

シンプルな境界設定

　システムの範囲を決めるに当たって、内部化や外部化に見るシステムの大きさの問題とともに、区切りのよさの問題がある。区切りがよいとは、システムの境界を出入りする資源が少なく限られていることである。資源が複雑に出入りするところにシステムの境界が設けられると、出入りする資源の管理が重荷になり、システムの運用が非効率になりがちである。

　世界のあちらこちらで絶え間なく繰り返される民族紛争の多くは、国家というシステムの境界が、民族の居住区域と無関係に定められているか、境界内に偏って分布していることが原因である。**図** 3.8-2 は、民族紛争が絶え間なく繰り返されている中東における民族分布図である。中東の紛争にいつも出てくるクルド族の分布に注目していただきたい。クルド族は、イラン、イラク、トルコおよびシリアの 4 か国にまたがって住んでいる。

　中東という上位システムの中にあって、それぞれの国家は、同じ言葉や宗教を持った民族ごとに形成されていない。そのために、いつもトラブルを繰り返し、国を効率よく維持・運営することができず、中東地域の発展を妨げ

図 3.8-2　中東における民族分布と国家

ている。

　企業の各組織における業務分掌（境界）が不明確だったり不適切だと、組織の間で頻繁に情報のやり取りをしなければならなくなり、非能率になるばかりか、トラブルのもとになる。

　また、大きな生産工場を計画・設計する場合、機能に着目しながら工場をブロック化していくが、ブロック分けの際に資源（ヒトやモノ）の出入りがシンプルになるように注意が払われていないと、能率のよい工場にはならない。

|コ|ラ|ム| YES、BUT の法則

会議などで、新しい提案に対し、提案を評価する前に、提案の抱えている問題点をあれこれ指摘し、さも自分はわかっていると言わんばかりにふるまう人がいます。これが部下の提案に対する上司の発言なら、せっかくの提案を葬り、部下の意欲をそぐことにもなりかねません。

そうしないためには、余程ひどい提案でない限り、まず「面白い提案じゃないか」と前向きに受け入れ、その後で「ところで、この問題はどう考えているかね？」と気がかりなところを問いただすべきです。そして、返答が的確であればそれでよし、問題があればそこで改めて指摘すれば済むことです。

この大差ないように見える2つの対応は、発想の点からも、もたらす結果においても大きな違いがあります。

両者の違いは、まず、発想の重心が「目的」に偏っているか、それとも「制約」に偏っているかにあります。常に問題意識を持ち、前向きで目的指向の姿勢でいるならば「目的」に重心を置いた発想になり、逆に、常に受け身で問題逃避の消極的な姿勢でいれば、自然と「制約」に重心を置いた発想になります。後者の姿勢は、建設的な提案能力のない人たちが保身のために無意識のうちに身につけている共通の行動様式のようです。

また、いつも批判から始まるようでは、提案者の意欲をそぐことになり、組織にとっても前向きな議論ができないムードを植え付けることになります。

十の批判をするより一つの提案をすることのほうが、はるかに難しく、大切なことです。重要な「制約」を見落とすのも困りますが、事態を改善するには積極的な姿勢が何よりも大切です。

僕は、提案に対して、まず"YES"と受け入れ、そのうえで問題があれば"BUT"と正す姿勢によって、よい結果が生まれることを「YES、BUTの法則」と呼んで、機会あるごとに強調しています。もちろん"NO、BUT"の姿勢を戒めてのことです。

3.9 システム選択のための「意思決定」

3.9.1 多様な意思決定

毎日が意思決定の連続

　この章では、システムの定義でいう『‥‥全体として一つの「目的」に向かって「機能」するよう**「意思決定」**され‥‥』の「意思決定」をキーワードに一般システムの構築、選択を論じていく。

　「私」たちは毎日、大小さまざまな問題に出会い、それを解決するために意思決定を繰り返しつつ生活している。意思決定しなければならない問題は明日の日曜日をどう過ごそうか、夕食の献立をどうしようという程度の日常的なものから始まって社会生活で頻繁に出会う職務上の責任を伴う意思決定、さらには会社の合併、国家の安全、人類の存続などのように間違えば意思決定者自身の存続を危うくしかねないものまでさまざまなレベルで存在している。この節では、このさまざまなレベルの意思決定について考えていく。

　意思決定とは、目的、目標を達成する最適な手段をその妥当性を評価しつつ選択することである。この節では、まず意思決定の種類とそれぞれに立ち向かう心構え、意思決定に伴うリスクについて論じる。次にいくつかの典型的な意思決定問題に対する解決手法を解説していく。解説する解決手法は、コンピュータ利用を前提にしたものもあるが、ここでは主に、考え方として身近な意思決定に役立つ話を中心に論じていく。

善い決定と良い決定

　意思決定は、「これがよい」と思いを決めて実行することであるが、「よい」には2つの違った意味がある。

　一つは「善い」で、世界観、価値観に照らしての「よい」である。すなわち心に照らしてよいであり、システムが目指すべき目的の選択に関係する。

　もう一つは「良い」で、目的達成の手段としてほかのものより優っている

147

「よい」であり、「どうする、またはいかにすること」がよいことかの判断に関わるものである。

　この節で論じるのは、後者に関わる「良い」で、目的を達成するための「良い」手段を選択するための意思決定が中心になる。

　意思決定には、プログラム化できるような手順や評価基準が明確な場合と明確でなくその都度決めなければならない場合がある。

3.9.2　組織における 3 つの意思決定レベル[52]

責任レベル、重要度からみた意思決定

　この項では、多様な意思決定の方法を論じていく。意思決定は、**図 3.9-1** に示すように決定者の組織内における責任レベル、または組織存続上の重要度に着目して 3 つのレベルで捉えることができる。この考え方は、企業の組

図 3.9-1　組織における意思決定の 3 つのレベル

織における意思決定のために用意されたものであるが、一般的なすべての組織の意思決定、さらには個人的な意思決定問題にも適用できる。

　3つの意思決定レベルは、以下で説明する戦略的意思決定、管理的意思決定、および業務的意思決定である。

1）戦略的意思決定─方向づけ段階

　戦略的意思決定は、対応を誤れば決定者自身の存続を危うくしかねないほど重要なものを含む。この範疇の意思決定には、個人にとっての進学、就職および結婚といった問題、企業における長期経営計画、新製品の開発、大掛かりな設備投資、合併、国や地方自治体の基本政策、さらには地球全体の資源や環境といった人類の存在に関わる重要な問題などがある。

　これらは、意思決定に当たって自由裁量の余地が大きく、それを取り上げること自体、自由であることが多い。進学するもしないも自由であり、どんな長期経営計画、基本政策を立てるも自由である。しかし、個人にとって、企業、国や地方自治体にとって最大の関心事であるはずである。自由であるからといって、決定を放置したり、リスクを回避することばかりしていたのでは飛躍的な発展は望めない。そればかりか意志決定者およびその者が属している組織の存続を危うくしかねない。

　このレベルの意思決定は、問題が決定的に重要な段階になる前に、その問題の在り方を探し、先手を打って解決することに意義がある。問題解決、計画の階層から見ると、現状に対する不満や将来生じるおそれのある好ましくない状況を解決するように動機づけられ、それを解決するためのシステムの目的を決め、制約を明らかにする段階である。

　欲望論の立場からすると、快さを求めて欲望が高まり、その充足に向けて対象を探し、認識し、認識されたものを世界観、価値観のもとで選別し、具体的な行動目的を決める段階である。また、問題に立ち向かうに当たって「どうするか」でなく「いかにあるべきか」「何をなすべきか」のその人の哲学が求められる段階である。

経営者に求められる意思決定　　組織における戦略的意思決定は、自律性の

高い階層、すなわち組織の上層、企業なら経営者において重要な意味を持っている。経営者が部下が行うレベルの管理的意思決定をいくら積み上げても戦略的意思決定にはならない。両者は本質的に違うものであるからである。

　経営者に抜擢されながら、新しい役割が何たるかを理解することなく、また能力の欠如ゆえに、前職の管理的意思決定を忙しく繰り返すことで役割を果たしていると思っている人がいる。

30─60─90 の法則　　戦略的意思決定は、緊急性を要しながら、極度に情報が不足しているなかで行われなければならないことが多くある。また、同じ条件のもとで何度も繰り返し経験することが少なく、確立された理論、特に厳密な数理学的な理論はない。そのため、合理的な意思決定は難しく、不確実な状況下での意思決定は避けられず、リスクへの配慮を欠かせない。

　上級管理者に、十分な情報が揃わないと意思決定ができず、部下にむやみに多くの情報の提供を求める者がいる。意思決定において情報は重要であり、常日ごろ、情報の収集を心掛けねばならない。それでも、この段階の意思決定は、30％位の情報で何らかの決断を下さなければならない。情報が集まるのを待っていたのではタイミングを逸してしまうことがあるからである。

　サイモンは、この情報が少なく、手段が確立されていない意思決定には、経験、洞察力、直感、および創造力が必要であり、適当な思考訓練によって改善されることを指摘している[40]。

　ここで論じている3つの意思決定レベルで、それぞれ与えられる情報量に大きな違いがある。戦略レベルでの30％位とともに、2つめの管理レベルでは60％位で、最後の業務レベルでは90％以上の確かな情報に基づいて意思決定しなければならない。

　僕は、このような意思決定レベルと与えられる情報量の関係、すなわち組織の上層部ほど情報の少ないところで意思決定しなければならないことを「30─60─90 の法則」と呼んで強調することにしている。

　戦略的意思決定には、厳密な理論が確立されていない。多くはプログラム化し得ない問題であり、その都度新たな問題解決法を発見しながら進めていかなければならない。そこでは、後述する近藤[52]によって提唱された、緊

急事態や相手のあるような不確実な場合に有効な「PDPC法」のような創造的な解決方法（3.9.6）が役立つ。

2）管理的意思決定—具体化段階

2つ目のレベルの管理的意思決定は、戦略的に下された意思決定を具体化するために必要な資源の最適配分に関するものが中心になる。戦略的意思決定によって、新製品の開発が確定した段階や他企業との合併の条件について大枠が決まった後に、それを具体化する日程や内容の細目を立案する段階である。

このレベルの意志決定は、戦略的意思決定のような選択の自由度はないが、計画を具体的に遂行するうえで重い責任がある。いわゆる中間管理者層の主要な課題である。

また、情報の収集などにある程度の時間をかけることができ、数理的な決定手法も可能であるため、おおむね合理的な意思決定ができる。そのため、戦略的な段階ほど大きなリスクを伴うことはないが、具体化に当たってリスク対策も含まれていなければならない。この段階は「30—60—90の法則」でいう60％位の限られた情報のもとで意思決定しなければならない。

この段階の意思決定は、多くはプログラム化しうるもので、手法として3.9.4で取り上げるオペレーションズ・リサーチ（OR）技法と呼ばれる一連の数理的な手法が有効である。たとえば、別名「山登り法」と呼ばれ最大または最小点を探す最大傾斜法、諸制約条件の中で最善の施設計画や操業計画を行うのに有効な線形計画法（LP）、工程管理に役立つPERT（3.9.5）などは、OR技法の仲間である。OR技法には、そのほかに在庫や生産計画に有効な動的計画法（DP）やマーケティング問題に有効なゲーム理論がある。

3）業務的意志決定—実施段階

業務的意思決定は、日常性が強く繰り返し直面する問題が中心になる。

役割分担の中で管理的意思決定で与えられた資源をどう有効に使うか、在庫品目の発注時期をいつにするか、大枠で決められている施設の設備としてどんなタイプ、大きさのものを選ぶかといった問題が含まれている。

　このレベルの意思決定は、多くの場合、経験や専門領域の技術によって
ルールや手法が確立されていて、自由裁量の余地の少ない意思決定である。
組織的にみた場合、現場サイドの担当者一人ひとりの判断に任されている決
定である。また、ここでの意思決定には、ほとんど直感や条件反射的に行わ
れるものも含まれている。

　この段階の意思決定は、確実な情報のもとになされるべきで、もはや大き
なリスクを伴うべきではない。この段階で不確実な情報のままで意思決定さ
れた場合、実施、運用の段階になってトラブルが多発して機能しない。その
意味で、90 ％以上の確かな情報に基づいて意思決定されなければならない。

　この段階では、世界観や価値観に基づく意志決定ではなく、科学や技術に
支えられた世界像に基づく意思決定でなければならない。

　ここでの手法は、大学の専門教育で基礎的なことが教えられ、現場ではそ
れぞれの分野ごとに技術体系として確立されている。技術体系の多くは標準
化、マニュアル化されており、プログラム化しうる問題である。実際、多く
の場合、企業ではコンピュータ・プログラムが用意されている。

3.9.3　意思決定のリスクマネジメント [40)、50)]

意思決定における合理性の限界と満足化アプローチ

　どんな意思決定においてもリスクを伴う。特に案が斬新で、良い結果をも
たらす可能性が高いものであればあるほど高いリスクを伴う。そこで、リス
クが潜んでいるところを徹底的に探し出し対応しようとしても完全に排除し
きれない。それは、いかに合理的な意思決定を行おうとしても、情報の収集
と判断の方法の不完全さによって程度の差はあれ限界が存在するからである。

　情報の収集には、完全ということはないし、時間もカネもかかることから、
おのずと限界がある。重要な情報だからといって無制限に時間とカネをかけ
るわけにはいかない。そんなことをしていたら、意思決定のタイミングを逸
してしまうし、たとえ間に合っても出遅れた決定になってしまう。

　一方、判断の方法にも完全ということはない。判断に当たり、対象の現象
をいかに厳密な数理科学的なモデルで表現しようとしても不完全さが残る。

またモデルを解くに当たっても計算能力が不足していることがある。近年は、コンピュータが大型化、高速化したため相当に厳密で複雑なモデルを解くことができるようになった。それでも限界がある。

このように限られた情報と手法のもとで意思決定を強いられる現実を、完璧な情報と判断方法のもとで行う超合理性に対し、「合理性の限界」と呼んでいる。そして、合理性の限界下で、そのことを意識して現実的、妥協的な意思決定を行うことを「満足化アプローチ」と呼んでいる。

不確かさとリスクテイク

私たちは、意志思定に当たり現実的には満足化アプローチを余儀なくされ、そこでは必ずリスクを伴っている。情報の不確かさ、判断方法の限界は、意思決定に基づく行動がもたらす結果の不確かさ、リスク（危険）に直結する。

しかし、一方では、ある程度のリスクが存在することを承知で意思決定し実行していかなければ、すなわちリスクテイクなしには飛躍的な発展は望めない。したがって、意志思定においては、リスクをどう評価し、どう扱っていくか、すなわちリスクマネジメントが重要になってくる。

この予測される結果の不確かさの程度によって、対応の仕方、すなわちリスクテイクの仕方が異なってくる。ここでは不確かさの程度を3段階、すなわち、全く不確実な予測、ある程度リスクを伴う予測、確実性を持った予測に分けて、それぞれの対応の仕方を考えていく。

この不確かさの3段階は、先程論じた3つの意志決定レベルにおいて予測される結果の不確かさに対応している。

全く不確実な予測

まず最初は、全く不確実で、どんな状態がどのような割合で起きているか予測できない、すなわち何が起きてもおかしくない場合である。

未知の相手との交渉事やハイジャック事件への対応のような場合には、最初の段階では、どんな結末が待っているか予測できない。このような場合は、迅速な情報収集に努める一方、あらゆる結果を想定しながら、何なりと状況に合わせた意思決定をしていかなければない。

　また、戦略的な意思決定においては、それが斬新、大胆であればあるほど、一層の不確実性は避けられない。しかし、戦略問題を担当する意思決定者は、確実な結果が予測できないからと諦めるわけにはいかない。

　どんな、不確実な状況下にあっても、常にそれなりのリスクの在りかを探し、それを回避すべく先手を打って、何らかの意思決定をしていかなければならない。そして、もしリスクが発生した場合のことも予測して対策を講じておかなければならない。

　このような場合には、後述の PDPC 法（3.9.6）のように、状況に合わせた段階的な意思決定を行う方法が有効である。

ある程度リスクを伴う予測

　次は、結果をある程度の危険性、リスクを持って予測できる場合である。すなわち、どのような結果がどういう割合（確かさ）で起こりそうかが、ある程度予測できる場合である。情報エントロピーは中位の大きさで、情報収集努力によってある程度小さくできる状況である。

　このようなことは、戦略的意思決定や管理的意思決定のレベルで遭遇する。実際、リスクのない経営行動などというものはありえない。

　リスクを伴う意思決定の際に役立つ考え方に、リスクの発生確率と重要性を評価しながら判断する方法がある。重要性とは、いったんリスクが発生したときに払わなければならない犠牲が大きいかどうかということである。もちろん意思決定者の存在が侵されたときが最大のときである。

　この方法では、発生確率も重要性も高、中、低の 3 つのランクで考える。

　たとえば、この案はうまくいけば素晴らしい、しかしリスクの発生確率も重要性も高すぎるから諦めようとか、発生確率は高いが、もし発生してもダメージを受ける程度は低いからやってみようといった判断をする。

　このようにリスクを伴った判断は、意思決定する者の価値観、哲学、姿勢、さらには現在置かれている状況に大きく依存する場合がある。

アメリカの軍隊における意思決定の評価基準

　次元の異なる意思決定が含まれる例を、アメリカの海軍大学の教科書[49]

から取り上げてみる。この例は、異なる次元下の意思決定問題の好例としてだけでなく、日常的な意思決定問題としても、示唆に富んだものがある。

　教科書では、軍隊が意思決定する際には、方策は次の3つの判断基準によって徹底的に評価されなければならないと述べている。

　1）整合性・・・・・検討中の方策が、任務（目標）の達成に役立つか。

　2）達成可能性・・・検討中の方策は達成可能か。

　3）負担可能性・・・方策の達成に伴う損失や費用の負担に耐えられるか。

　1）整合性とは、より上位の計画の目指すものと矛盾はないか、平たく言えば「方向性は正しいか、何のためにやっているかよく考えろ」ということである。

　また、この判断基準とは、目的の設定段階の意思決定に関わるものであり、掲げた目的や目標の達成によって正しい問題解決になるかを考えろということである。

　2）達成可能性とは、「成算はあるのか」ということである。方策（計画、設計）が自らの能力、技量、さらには相手のそれらとの比較を含めた諸々の制約下にあって、目論見どおりに機能し、結果として目的や目標を達成できるか否かということである。

　3）負担可能性とは、「引き合うのか、そろばん勘定が合うのか」または「最後まで耐えきれるのか」ということである。方策を実行するには、設備投資や人材確保のために経済的な負担を伴う。

　また、実行段階に入っても、軌道に乗るまでには負担し続けなければならない。さらに、何らかの事情で、目論見どおりに事が運ばず、負担を背負ったまま撤退を余儀なくされることがある。いずれの場合でも、実行する主体が負担に耐えられず破綻するようなことがあってはならない。

　この判断基準は、企業が投資して新たな事業を展開する場合のキャッシュフローによって判断する際の基準となるものである。

　海軍大学の教科書が想定している戦争は、あらゆる意味で、行動システムの最も厳しいものである。この3つの評価基準は、一般的な行動システムの計画に関する意思決定に有用なものである。

3.9.4　数学的最適化手法 [51]、[55]

オペレーション・リサーチ（OR）技法

　ここからの項では、プログラム化しうる意思決定のうちでも、数学的な最適化手法を適用する方法を論じていく。

　OR技法には、**図3.9-2**に示すように、多くの方法が含まれている。ここで取り上げるOR技法は、いろいろな数学的最適化手法の代名詞のようなもので専門性が高い。そのなかには、さまざまな問題の最適解を得る有用な方法が数多く含まれている。そこでの考え方や原理は、厳密な数理的な適用でなくても日常の意思決定の改善にも役立つ。

OR技法は最初に特攻機対策に使われた　　ORは、第二次世界大戦の軍事上の必要から生まれたものである。第二次世界大戦中、イギリスはドイツの空爆に悩まされていた。数の限られた防空レーダーをどう配置するかは大きな問題であった。一方、アメリカは日本の特攻機による攻撃から輸送船団を守る必要があった。ORはこれらの問題を解決する研究の過程で生まれた。

　大戦後、ORは企業戦略面へも拡大適用され、在庫管理、輸送問題、原料および最終製品の配合などの問題解決に役立てられるようになった。その後、

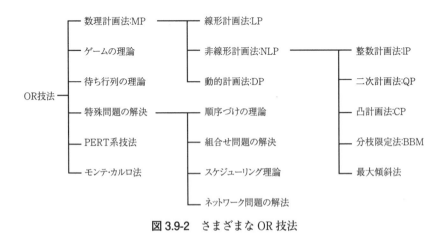

図3.9-2　さまざまなOR技法

いくつかの手法が追加され、**図 3.9-2** に示すような最適化手法の体系ができあがった。特にコンピュータの発達によって OR の普及が加速された。

OR はその発展過程から明らかのように、軍隊では武器や兵員を、社会経済活動では土地、水、エネルギー、労働力、材料、倉庫、運転手段、資本など資源を有効に使うための技法であると言える。

OR 技法の適用方法　　OR 技法には複数の手法が含まれているが、それらには次に示すような、共通の適用方法や成功するための条件がある。

第一は、いろいろある手法の中から直面する問題の性質に適した手法を選ぶことである。各手法は適用できる問題が限られているからである。

そのうえで、手法の基礎的な構造にマッチしたシステムの数学モデルをつくることである。もちろん、そのとき、数学モデルは評価に影響する重要な因子を変数として反映したものでなければならない。

第二は、可能な代替案を相互に比較評価するための尺度として、目的関数を定義することである。原則として目的関数は定量的でなければならない。特に、問題が経済的なものであれば、貨幣量に換算されていなければならない。次元の異なる評価基準が含まれる場合は、特別の工夫が必要である。

第三は、数学モデルが適用される場面で、代替案ごとの具体的状況を表すパラメータについて推定値が求められなければならない。推定にはコンピュータを用いたシミュレーションが有効である。

第四は、特定のパラメータ数値に対し、目的関数を最大化するような代替え [52] 案を見つけるために、数学的な計算を行う。数学的計算にはそれぞれの手法に独特の計算手続きが用意されている。トレードオフ問題の山登り法、線形計画法のシンプソン法がその例である。

図 3.9-2 のように、たくさんあるすべての OR 技法を限られた紙数の中では説明しきれないし、また専門的になりすぎるので、ここでは、スケジュール管理手法の PERT と情報が不足していて計画が立てにくい場合に有効な問題処理法である近藤が提唱した PDPC 法 [52] を紹介する。

なお、前著 [55] でも OR 技法として、線形計画法、最大傾斜法および図表を用いる技法を取り上げているので参照されたい。

3.9.5 スケジュール最適化と管理手法— PERT[48]

PERT（Program Evaluation and Review Technique）は、プロジェクトにおけるスケジュールを最適化し、管理するための技法である。PERT は、ほとんど同じころ、同じ目的で開発された CPM（Critical Path Method）とともに、ネットワーク分析と呼ばれる論理的な手法を基にしている。そのため両方合わせて PERT/CPM と呼ばれる場合がある。

PERT は、その後、改良が加えられ、PERT/TIME や PERT/COST のように、前述の WBS と結びつけて、スケジュールの管理のみならず、コスト管理さらには人員や資材といったリソースの管理にまで拡張したものが使われるようになった。

PERT は、開発された当初からネットワーク分析のためにコンピュータ利用のもとで使われてきた。最近は、PERT やその改良技法が、パソコンのアプリケーション・ソフトの一つになっており、使いやすいものが容易に手に入るようになっている。そこでは、分析結果のみならず、ネットワークもアウトプットされるようになっている。

PERT で計画を立てるためには、一定のルールに従って（○）と（→）でネットワークと呼ばれる図を描くことから始める。

図 3.9-3 は、学校祭の展示計画をネットワークを用いて表したものである。矢印は期間を有する一つひとつの単位作業を意味し、アクティビティと呼ばれている。矢線の長さは作業の時間と無関係で、矢線の尾が作業の開始を示し、頭が作業の終わりを示している。作業時間は、この例では、作業名称とともに所要作業日数が示してある。

前に述べたプロジェクト・マネジメント（3.5.7）では、アクティビティとして WBS の項目が当てられている。

図 3.9-3 は、ネットワークのイメージを持っていただくために簡単な例として示したものである。大型製油所の建設のような大プロジェクトになると、アクティビティの数は数千にも及ぶことがあり、相当に複雑なものになる。

ネットワークは、まずクリティカルになっている作業ルート（図では⓪—①—②—⑥—⑦—⑧のルートが 15 日で最も長い）を探して工程の短縮を

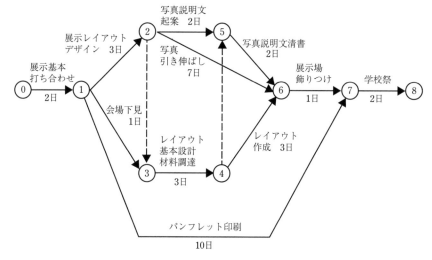

図 3.9-3　学校祭の展示計画のネットワーク [43)]

図ったり、人や建設機械などの資源を効率よく投入する方策を考えたりする
プロジェクトの計画段階に使われる。実行段階では、工程の管理はもちろん
のこと、資源管理やコスト管理に積極的に使われる。

3.9.6　計画が立てにくいなかでの意思決定法 ─過程決定計画図（PDPC）の活用 [52)]

計画が立てにくいなかでの有効な意思決定法

　解決しなければならない重大な事態に直面しながら、有効な手段が見つか
らないときがしばしばある。このようなときに、私たちは「計画が立たない」
とか「お先真っ暗だ」という表現をする。まさに前述のプログラム化し得な
い問題である。

　計画が立てられないのは、およそ次の3つの状態のときである。

情報不足で状況が把握できない

　まず最初は、大事故や大火災の発生とか、工場などでの異常事態の発生の

ような突発的な事態に見られるケースである。事態が発生したばかりのときや、現場と適切な情報交換手段のないときは、情報が極度に不足していて状況が把握できない。また、予断を許さない事態を含んでいることもある。

航空機事故のような場合、第一報が入っただけでは事態がつかめないし、墜落現場が山中やジャングルの中では通信手段もなく場所も特定できず、生存者がいても救出の方法を決めることもできない。

新型コロナウイルスへの対応も、この問題の範疇に含まれる。新型ウイルスのふるまい特性や有効な治療薬も研究開発中であるし、為政者の対応も十分とは言えない。

相手の手の内が読めない

2つ目のケースは、外交交渉や労使交渉のような難しい交渉、受注活動、技術提携、重要人物の採用などのように相手のあることで、主導権が相手側にありながら、相手の考えていること、手の内が読めない場合である。

ハイジャック事件のような場合、特に初期段階においては、情報不足のケースとこの相手の考えていることが不明な状態が複合していることが多くある。事件そのものは突発的であり、どんな武器を持っているか、どんな犯人か、どんな背景があるか把握することは容易ではない。人質解放交渉となると、受け入れがたい要求であっても、大勢の命が掛かっているだけに難しい交渉を強いられる。

変化の中で見通しがつかない

3つ目の最後のケースは、企業経営、研究開発、新製品の開発のように、環境の変化や状況の変化の影響を強く受けたり、不確定な事態の発生が予測されたりして、見通しがつけにくい場合である。このケースは、3つの意思決定レベル（3.9.2）のところで扱った戦略的意思決定の範疇でもある。

消費者の好みが多様化して、次々に新しいタイプの商品が登場する現在、商品の寿命は極端に短くなっている。一見、有望商品のように見えても、ライバル商品の登場によって、あっという間にシェアを失ってしまう。このようななかで、ヒット商品の開発を企画しつづけるのは大変なことである。

これらの事態に直面した場合、「計画が立たない」と手をこまねいたり、「お先真っ暗だ」といって呆然としているわけにいかない。どんな場合でも、限られた情報の中であらゆる展開を予測、想定し、そのなかで常に望ましい解決を得るプロセス、すなわち展望を持ちながら対処していかなければならない。

先手必勝（PDPC）

ここで説明する過程決定計画図は、このような計画が立てにくい事態における問題解決に有効な、一種のグラフを用いる方法である。過程決定計画図は、Process Decision Program Chart の頭文字をとって PDPC とも呼んでいる。この方法を提唱した近藤[52] は PDPC を次のように説明している。

「PDPC とは、情報が不足である上に、事態が流動的で予測が困難な不確実性の状況のもとで、問題の最終決定に向かって次々に一連の手段を講ずる計画を表す図である。これは、外交交渉や労使交渉など特定の相手のある交渉や世論政策やキャンペーンなど不特定多数を対象とする場合に、相手の出方や状況をみて一つの手を打ち、それによって状況を変え、また次の方策を決定し、最終的には計画者の希望が達成できるよう計画する方法である。」

また、この考え方は、当面の対策についてだけでなく、時の流れと局面の変化に合わせて次々に手を打っていく場合にも利用でき、囲碁や将棋における先手必勝の精神に通じていると述べている。

当面の計画の実行

PDPC が適用できる問題には2つのタイプがある。いずれの場合も、先行きが不透明の中で何なりと展開を予測しながら当面の計画を逐次実行に移してゆくことで新たな道を開いていかなければならない。

一つ目は、問題を解決する過程に不確実なことも含まれているが、努力によって自分の望みどおりか、それに近いかたちで解決できる可能性を持っている場合である。

現状を望ましい状態にしたい。しかし、目標に到達するまでの過程が見えない。このような場合は、まず起こりうる事態の変化をできる限り予測する。

そのうえで、その時点で最も良いと思われる方法を選択し、当面の計画として実行に移す。この予測、選択、実行を逐次繰り返すことで最終的に目的を達成する。スケジュール、推進過程に常に不確実要素があるが、随時、情報を取り入れながら最適な計画を作成する努力を繰り返すことによって、問題の解決を図っていくことができる。とりわけ、相手がいたり、環境や状況が急激に変化して見通しが持てない場合に対して有効である。

　2つ目は、最終的な結末に至るまでの間に、努力のみによって完全に制御しきれない事態が含まれている場合である。

　この場合には、まず、望ましい解決から最悪の事態まで、考えられるすべての結末を想定する。次に、すべての結末に至るケースやプロセスをさまざまな角度から予測する。そのうえで、できる限り望ましい解決を探るとともに、それが不可能な場合でも重大事態に陥らないように方策を事前に立てていく。この方法は、次に示すハイジャック事件のように、事態が把握できなかったり、予断を許さない事態を含む場合に対して適用できる。

ハイジャック事件

　図3.9-4は、近藤が例示したハイジャック事件に対するPDPCである。PDPCは、この図のように、スタート（現状）から一つまたは複数の結果に至る過程や手順を時間の推移の順に、矢線で結合している。**図3.9-3**に示した、プロジェクトの遂行計画を表すネットワークであるPERTも、作業の手順を矢線で結合した図である。両者の違いは、PDPCには実行段階で通過しない事象やルートが含まれているのに対し、PERTでは図に示す全ルートが実行される。すなわち、PDPCにはやってみなければならないことが含まれているが、PERTにはやらなければならないことのすべてが示されている。

　図3.9-4には、ハイジャック事件の3つの結末が示している。「人質解放A」は最善の解決であり、「人質解放B」は人質の生命を守るための次善の解決である。一方、「人質解放C」は、人質に被害が出ることも予想される再発防止に重点をおいた強行策である。どの時点で、どの策を採用するかは、実現性、危険度などを考慮して、最高責任者が決めることになる。

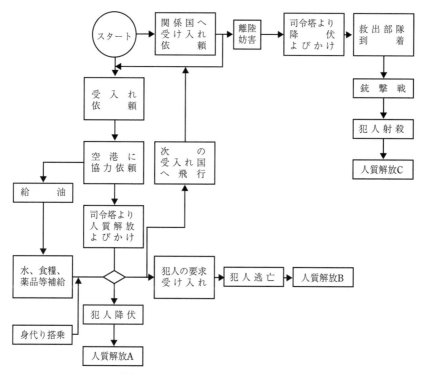

図 3.9-4 ハイジャク事件の PDPC

参 考 文 献

1) 岩崎武雄『哲学のすすめ』講談社、1966 年

2) 澤潟久敬『哲学と科学』NHK ブックス、1967 年

3) 梅原猛ら『哲学のすすめ』筑摩書房、1969 年

4) 竹田青嗣・西研『はじめての哲学史―強く深く考えるために』有斐閣アルマ、1998 年

5) E. フッサール、細谷恒夫ら訳『ヨーロッパ諸学の危機と超越論的現象学』中央公論社、1974 年

6) E. フッサール、長谷川宏訳『現象学の理念』作品社、1997 年

7) 木田元『現象学』岩波新書、1970 年

8) 竹田青嗣『現象学入門』NHK ブックス、1989 年

9) 竹田青嗣『自分を知るための思想入門』筑摩書房、1990 年

10) 竹田青嗣『「自分」を生きるための思想入門』芸文社、1992 年

11) 竹田青嗣『はじめての現象学』海鳥社、1993 年

12) 竹田青嗣『意味とエロス』筑摩書房、1993 年

13) 竹田青嗣『ハイデガー入門』講談社、1995 年

14) 竹田青嗣『現象学は〈思考の原理〉である』ちくま新書、2004 年

15) 竹田青嗣『近代哲学再考』径書房、2004 年

16) 新田義弘『フッサールを学ぶ人のために』世界思想社、2000 年

17) 西研『哲学的思考―フッサール現象学の核心』筑摩書房、2001 年

18) 斎藤慶典『フッサール起源への哲学』講談社、2002 年

19) 谷徹『これが現象学だ』講談社、2002 年

20) 山口一郎『現象学ことはじめ』日本評論社、2002 年

21) ダン・ザハヴィ、工藤和男ら訳『フッサールの現象学』晃洋書房、2003 年

22) ヴェルナー・マルクス、佐藤真理人ら訳『フッサール現象学入門』文化書房博文社、1994 年

23) 相良守次編『心のはたらき』心理学入門講座、大日本図書、1968 年

24) 相良守次編『人間の欲望・感情』心理学入門講座、大日本図書、1968 年

25) フランク・ゴーブル、小口忠彦監訳『マズローの心理学』産能大学出版部、1972 年

26) 宮城音弥『新・心理学入門』岩波新書、1981 年

27) 斎藤勇一編『欲求心理学トピックス 100』誠信書房、1986 年

28) 藤永保編『心理学のすすめ』筑摩書房、1991 年

29) 大山正ら『心理学』有斐閣、1993 年

30) 木下清一郎『心の起源』中央公論新社、2002 年

31) 佐伯啓思『欲望と資本主義』講談社、1993 年

32) D. H. メドウズら、大来佐武郎監訳『成長の限界―ローマ・クラブ「人類の危機」レポー

ト』ダイヤモンド社、1972 年

33) D. H. メドウズら、茅陽一監訳、松橋隆治ら訳『限界を超えて―生きるための選択』ダイヤモンド社、1992 年

34) 岡本康夫『経営学入門 上』日本経済新聞社、1982 年

35) L. フォン・ベルタランフィ、長野敬ら訳『一般システム理論―その基礎・発展・応用』みすず書房、1973 年

36) ジェラルド・M. ワインバーグ、松田武彦監訳、増田信爾訳『一般システム思考入門』紀伊国屋書店、1979 年

37) システム科学研究所編『システム考現学―社会をみる眼』学芸出版社、1982 年

38) T. ダウニング・バウラー、中野文平ら訳『応用一般システム思考』紀伊国屋書店、1983 年

39) 大村朔平『企画・計画・設計のためのシステム思考入門』悠々社、1992 年

40) ハーバート・A. サイモン、稲葉元吉ら訳『意思決定の科学』産業能率大学出版部、1979 年

41) ハーバート・A. サイモン、稲葉元吉ら訳『システムの科学』パーソナルメディア、1987 年

42) 渡辺茂ら『システム工学とは何か NHK ブックス、1987 年

43) 大村平ら『化学プラント設計の基礎』東京化学同人、1987 年

44) 杉本大一郎『エントロピー入門』中央公論社、1985 年

45) 細野敏夫『エントロピーの科学』コロナ社、1991 年

46) 青柳忠克『エントロピーのはなし』日本規格協会、1993 年

47) 足立芳寛『エントロピーアセスメント入門』オーム社、1998 年

48) 須永昭雄『PERT 系のプログラミング』朝倉書店、1972 年

49) アメリカ海軍大学著、滝沢三郎ら訳編『勝つための意思決定』ダイヤモンド社、1991 年

50) 中島一『意思決定入門』日経文庫、日本経済新聞社、1990 年

51) 竹村伸一編『システム技法ハンドブック』日本理工出版会、1983 年

52) 近藤次郎『意思決定の方法』NHK ブックス、1981 年

53) 稲盛和夫『生き方―人間として大切なこと』サンマーク出版、2004 年

54) 稲盛和夫『心―人生を意のままにする力』サンマーク出版、2019 年

55) 大村朔平『一般システムの現象学―よりよく生きるために』技報堂出版、2005 年

56) 大村朔平「SHORT-CUT 法と逐次段法の長所を生かした新しい多成分系蒸留計算法の研究」博士論文、1980 年

【著者略歴】

大 村 朔 平 （おおむら・さくへい）

　1939 年山梨県韮崎市生まれ。1961 年山梨大学工学部応用科学科卒業。大内新興化学工業株式会社入社。1965 年同社退社。横浜国立大学工学部化学工学科就職。1968 年横浜国立大学退職。日揮株式会社入社。1980 年東京都立大学より「新しい蒸留計算法に関する研究」で工学博士の学位授与。1988 年横浜国立大学工学部講師着任。1997 年日揮株式会社退社。株式会社システムズ設立、代表取締役社長就任。2000 年バンブーマテリアル株式会社設立。2003 年有限会社朝日山芸術陶器研究会代表取締役社長就任。2004 年バンブーマテリアル株式会社代表取締役社長就任。

　主な著書に『企画・計画・設計のためのシステム思考入門』（悠々社、1992 年）、『一般システムの現象学―よりよく生きるために』（技報堂出版、2005 年）がある。

　ノーベル生理学・医学賞受賞の大村智は実兄。一般財団法人韮崎大村財団理事長。

「私」と「世界」
一般システムの現象学

定価はカバーに表示してあります。

2024 年 7 月 5 日　1 版 1 刷　発行　　　　ISBN978-4-7655-4254-8 C1051

著　　者　大　村　朔　平
発 行 者　長　　滋　彦
発 行 所　技報堂出版株式会社

日本書籍出版協会会員
自然科学書協会会員
土木・建築書協会会員

Printed in Japan

〒101-0051　東京都千代田区神田神保町 1-2-5
電　　話　営　業　（03）（5217）0885
　　　　　編　集　（03）（5217）0881
　　　　　Ｆ Ａ Ｘ　（03）（5217）0886
振替口座　00140-4-10
http://gihodobooks.jp/

装幀　ジンキッズ　　印刷・製本　愛甲社